成长制胜

如何精进思维实现人生持续跃迁

［美］ 迈克尔·海亚特（Michael Hyatt）

梅根·海亚特·米勒（Megan Hyatt Miller） 著

潘苏悦 译

机械工业出版社

本书作者运用最新的脑科学研究成果，通过"察觉：认出你的叙事人""检视：质疑你的叙事人"和"构想：训练你的叙事人"三部分深入浅出地阐述了大脑的运作机制，以及如何在大脑中形成新的神经通道，让大脑走向正轨，重塑自己的内在故事，找到更好、更有创意的解决方案来实现自己的目标。

管理自己的思维是每一个成功人士都必须掌握的最重要的技能之一。阅读本书，能帮你主动打破思维定势，摆脱生活困境，消除你在成功路上的障碍，释放自己更大的潜能。

图书在版编目（CIP）数据

成长制胜：如何精进思维实现人生持续跃迁 /（美）迈克尔·海亚特（Michael Hyatt），（美）梅根·海亚特·米勒（Megan Hyatt Miller）著；潘苏悦译. —北京：机械工业出版社，2023.7

书名原文：Mind Your Mindset: The Science That Shows Success Starts with Your Thinking

ISBN 978-7-111-73524-3

Ⅰ.①成… Ⅱ.①迈… ②梅… ③潘… Ⅲ.①脑科学—研究 Ⅳ.①Q983

中国国家版本馆CIP数据核字（2023）第132313号

机械工业出版社（北京市百万庄大街22号　邮政编码100037）
策划编辑：刘怡丹　　　　　　责任编辑：刘怡丹
责任校对：龚思文　梁　静　责任印制：单爱军
北京联兴盛业印刷股份有限公司印刷
2023年9月第1版第1次印刷
145mm×210mm·7.875印张·142千字
标准书号：ISBN 978-7-111-73524-3
定价：69.00元

电话服务　　　　　　　　　　网络服务
客服电话：010-88361066　　机 工 官 网：www.cmpbook.com
　　　　　010-88379833　　机 工 官 博：weibo.com/cmp1952
　　　　　010-68326294　　金 书 网：www.golden-book.com
封底无防伪标均为盗版　机工教育服务网：www.cmpedu.com

本 书 赞 誉

"《成长制胜：如何精进思维实现人生持续跃迁》一书运用脑科学和认知心理学领域的最新研究成果，展示了思维是如何限制你的成功的，同时也指出了消除这种限制的方法！我强烈推荐这本书。"

托尼·罗宾斯（Tony Robbins）
《纽约时报》畅销书作者、企业家、慈善家

"在前进之路上，你的思维让你束手束脚，还是大步流星？《成长制胜：如何精进思维实现人生持续跃迁》一书会告诉你如何转变想法，以便在生活中做出自己想要的改变。同时也告诉你维持这种改变背后的原理！非常推荐大家读一读这本书！"

杰米·科恩·利马（Jamie Kern Lima）
《纽约时报》畅销书《相信的力量》（*Believe It*）作者

"我认识迈克尔和梅根很多年了,这本书里的原则在他们身上展露无遗。这本书直言不讳又有思想深度,引人入胜又高度实用,你一定得读一读。"

约翰·麦克斯韦尔(John C. Maxwell)
畅销书作者、演说家、教练

"我们的头脑中时常会有一个声音隐隐作响,这一点我们都知道。但我们不知道的是,这个声音传达给自己的信息大多不是真实的!《成长制胜:如何精进思维实现人生持续跃迁》一书归根结底就是要改变我们的生活叙事。故事变了,结局也就不同了。这个方法真的有用。"

弗朗西斯卡·吉诺(Francesca Gino)
《叛逆天才:拒绝一颗盲从的心,让自己闪闪发光》
(Rebel Talent: Why It Pays to Break the Rules at Work and in Life)
作者、哈佛商学院教授

"你的故事会很有说服力,尤其是当你掌握了讲述技巧时。幸福美好的人生,还是支离破碎的人生,其差别可能就在于你选择了不同的故事情节。迈克尔和梅根将向你展示,科学原理和策略如何帮助你重塑思维,讲出更好的故事,并取得更大的成果。"

戴夫·拉姆齐(Dave Ramsey)
畅销书作者、电台主持人

"迈克尔和梅根是我的朋友，他们写的《成长制胜：如何精进思维实现人生持续跃迁》是一本很棒的书。这本书会告诉你要了解自己的头脑，并启发和鼓励自己这么做，这样就可以摆脱生活中的困境。它还会帮你找出让你陷入困境的原因，并提供实用的建议。这本书是不会让你失望的。"

鲍勃·戈夫（Bob Goff）

《纽约时报》畅销书《爱的确如此》（*Love Does*）作者

"'一切都是你想象出来的。'这句老话比我们通常认为的还要正确得多。我们的大脑会绘制关于我们自己、他人以及世界的地图。如果不刻意追求这些地图的准确性，我们的生活就会受到影响和限制。但当我们这么做时，生活中会出现一些我们从未体验过的不可思议的机会。谢谢你的提醒，迈克尔！"

亨利·克劳德博士（Dr. Henry Cloud）

《纽约时报》畅销书作者、心理学家

"你的大脑是一台讲故事的机器。我的朋友迈克尔和梅根会告诉你如何对这台机器进行编程，来讲述更好的故事。这些故事会给你的事业和个人生活带来更好的结局。积极的改变唾手可得！机不可失！"

伊恩·摩根·克罗恩（Ian Morgan Cron）

畅销书《弥补你的性格缺陷：优化人生格局》

（*The Road Back to You*）作者

"作为一名患有注意缺陷与多动障碍的连续创业者，我切身体会过消极信念对自己的限制。这本书会帮助我们认识到，我们自己讲述的故事是如何最大限度地限制住我们的。你一定会喜欢这本书提供的切实可行的步骤，它们能帮助你改变自己讲述的故事，让你释放出最大潜能，缔造最佳表现。最重要的是，它们能让你的头脑摆脱担忧。这本书充满了科学原理、故事和策略，能够改变你的人生轨迹！"

查琳·约翰逊（Chalene Johnson）
《纽约时报》畅销书作者、励志演说家、播客节目主持人

"《成长制胜：如何精进思维实现人生持续跃迁》一书在诊断大家的问题时，提出了一个关键问题：'面对这种情况时，你会给自己讲述怎样的故事？'如果你诚实地反思这个问题，便会即刻拥有更多的选择，这些选择能让你采取更好的行动。读一读这本书吧，学习如何做出更好、更快的决定并付诸行动。"

本杰明·哈迪博士（Dr. Benjamin Hardy）
组织心理学家、畅销书《你想的是差距还是收益》（*The Gap and the Gain*）作者

"我很有创造力，但思维经常漫无边际，我每天都在努力控制自己的思绪。这就是我要感谢迈克尔和梅根出版这本新书的原因。《成长制胜：如何精进思维实现人生持续跃迁》一书不仅引人入胜地展示了大脑的工作原理，让你据此掌控自己的思维，还明确地告诉你

如何通过切实可行的步骤来做到这一点。它会帮助你卸下每天压在自己身上的消极的思想负担。每个人都需要读一读这本书！"

克里斯蒂·莱特（Christy Wright）

"有史以来，一些优秀的商业与领导力书籍都在推崇一个共同的概念——思考，如《思考致富》（*Think and Grow Rich*）《人如其思》（*As a Man Thinketh*）等，这是有原因的。《成长制胜：如何精进思维实现人生持续跃迁》也会成为佳作。迈克尔和梅根认为，我们的想法比其他任何东西都更能推动我们实现行动的结果。这本书提到了许多原则和实践，其中不少是我多年来在与迈克尔合作的过程中学到的，它们能帮助所有人取得超出自己想象的成就。我是迈克尔的书迷，他的所有作品我都很喜欢。这本书也是他和梅根迄今为止最棒的作品之一。"

科迪·福斯特（Cody Foster）
Advisors Excel 联合创始人

"科学家们将人类不受质疑的常规思维描述为我们'在大脑中踩出来的捷径'。大脑熟知的思考路径常常会蒙蔽我们的双眼。《成长制胜：如何精进思维实现人生持续跃迁》一书将展示如何在大脑中形成新的神经通道，以打破那些阻碍你前进和进步、限制你取得成就的存在已久且广为接受的故事。如果你感觉自己陷入了困境，或是多愁善感起来，或是觉得整个世界都令人厌恶，那么你很可能走进了那条'踩出来的捷径'。这本书将推动你超越现有的思维，挑战常识的极限。"

米丹恩（Dan Miller）
《48 天找到你爱的工作》（*48 Days to the Work You Love*）作者

"任何想在事业和生活方面取得更大成果的人，都必须读一读《成长制胜：如何精进思维实现人生持续跃迁》一书。凭着我几十年来在教练和领导力发展方面的经验，我不得不说此书的内容侧重于人类变革的基本原理。这本书可以扭转你的生活现状！"

丹尼尔·哈卡维（Daniel Harkavy）
Building Champions 网站和 SetPath 网站创始人及首席执行官

"迈克尔和梅根运用了前沿的神经科学原理，并结合他们数十年来的个人经验，清晰又有力地为我们的思维模式带来的挑战提供了解决方案。想要改变你在创业、育儿、个人成长和领导力方面的思考方法吗？从阅读《成长制胜：如何精进思维实现人生持续跃迁》开始吧。书中的案例研究引人入胜，作者的见解恰到好处。这就是你一直在寻找的指南！"

埃米莉·芭丝苔（Emily Balcetis）
《更清晰、更近、更好：成功人士如何看世界》（*Clearer, Closer, Better: How Successful People See the World*）作者

"这本书的出现显得格外有必要，尤其是在我们目前的文化背景下，有那么多彼此冲突的叙事方式阻碍我们获取幸福。你的生活质量与你讲述的故事直接相关。《成长制胜：如何精进思维实现人生持续跃迁》会帮助你找到更好的生活方式——拥有更多的自由、更高的目标和更大的满足感的生存之道。书里还有很多门道，不要错过！"

杰夫·高因斯（Jeff Goins）
畅销书《创意影响力》（*Real Artists Don't Starve*）作者

"当梦想破灭，或是在工作和人际关系中遇到挑战时，我们往往会感到沮丧与无助。我们不知道下一步该做什么，或者是否该放弃梦想，继续前行。迈克尔和梅根运用最新的神经科学研究成果，结合他们曾经给自己讲述的那些站不住脚的故事，向我们说明了我们的头脑中有太多的选择是自己从未考虑过的。更重要的是，他们提供了清晰且立即可行的步骤，让我们的大脑走上正确的轨道，获得成功。我强烈推荐这本书。"

约翰·汤森德博士（Dr. John Townsend）
《纽约时报》"界限"系列畅销书作者
汤森德学院创始人

"你首先要在头脑中获胜，然后才会在事业和生活中获得成功。我们的头脑就像一座花园，为了结出优秀的果实，必须铲除消极的杂草，浇灌积极的种子。这就是我喜欢这本书的原因，我认为每个人都该读一读它！它会为你提供升级思维的工具，从而推进你的事业、提升你的影响力以及改善你的生活。"

乔恩·戈登（Jon Gordon）

荣获 12 次畅销书作者称号、《活力巴士》（*The Energy Bus*）和

《花园》（*The Garden*）作者

"改变你的想法，就能改变你的结果。就是这么简单。迈克尔和梅根的新书《成长制胜：如何精进思维实现人生持续跃迁》会精准地教你如何用对自己有利以及能实现目标的方式来理解自己的想法。这样一来，你就能实现任何你想要达成的目标！管理自己的思维是每一个成功人士都必须掌握的最重要的技能之一。多亏了这本新书，我们现在有了管理思维的工具！"

朱莉·所罗门（Julie Solomon）

商业教练、作家、播客节目主持人

"这本书实用且发人深省，迈克尔和梅根引导我们写出新的故事，这样我们就可以让梦想不再仅存于脑海之中，让有意义的事情出现在生活的各个领域。"

劳拉·凡德卡姆（Laura Vanderkam）

《跑赢时间》（*Off the Clock*）和《168 小时》（*168 Hours*）作者

"复杂的脑科学知识在这本书里变得不再高深莫测。如果你想更多地了解你的大脑，了解它是如何运作，如何驱动你的行为的，这本书会给你答案。它是真正的个人成长蓝图。"

路易斯·豪威斯（Lewis Howes）
《纽约时报》畅销书《卓越学校》（*The School of Greatness*）作者

"我们给自己讲述的故事决定了我们的生活质量。但不是我们塑造了自己的故事，而是故事最终塑造了我们。如果你想摆脱这个牢笼，改变自己的故事并写出更好的故事，那么这本书是你必不可少的读物。"

奥赞·瓦罗尔（Ozan Varol）
畅销书《像火箭科学家一样思考》（*Think like a Rocket Scientist*）作者

"一般情况下，我看书时都会拿着黄色荧光笔和钢笔边读边标注，但这次我并没有这么做。迈克尔和梅根写了一本很棒的书，值得我们去亲身感受且发自内心地阅读，而不是去研究或审查它，或是提炼出它的框架，更不是为了读完书再发个点评帖子而已。我再读这本书时（我一定会再读）会用上荧光笔和钢笔。读第一遍时，我读得十分享受。在这本书中，智慧得以完美诠释，洞察力得以巧妙呈现，令人怦然心动的灵感也跃然纸上。读读这本书吧，然后再读第二遍，你不会失望的。深深地感谢迈克尔和梅根。"

罗伯特·沃格莫斯（Robert Wolgemuth）
畅销书作者

"说到实现目标，没有什么比掌控你的思维模式更重要的技巧了。迈克尔和梅根完成了一项不可思议的工作，他们深入浅出地给我们讲解了大脑运行的科学知识，以及这些知识如何影响我们给自己讲述的故事。这是个多么神奇的方法，可以让你在事业、人际关系和生活中创造积极的改变！"

鲁斯·苏库普（Ruth Soukup）
《纽约时报》畅销书《带着恐惧前行》（*Do It Scared*）作者

"《成长制胜：如何精进思维实现人生持续跃迁》一书能够消除你成功之路上的障碍，让你释放出最大的潜能。"

斯基普·普里查德（Skip Prichard）
联机计算机图书馆中心（OCLC）首席执行官
《华尔街日报》畅销书《错误之书：改变未来的9个秘密》
（*The Book of Mistakes: 9 Secrets to Creating a Successful Future*）作者

"如果你有兴趣学习如何更好地思考，以便在生活的方方面面取得更好的成绩，那一定要读一读《成长制胜：如何精进思维实现人生持续跃迁》一书。迈克尔和梅根用他们自己的故事开篇，用一种发人深省而又简单的方式将复杂的概念融入生活，帮助读者改变想法，获得更好的成果。"

安迪·史丹利（Andy Stanley）
作家、沟通专家

"很多人在追求目标时面临的最大敌人是自己的头脑!《成长制胜:如何精进思维实现人生持续跃迁》一书充满了富有洞察力的故事和有益的研究,是一本实用的战术手册,能帮助你重塑自己内在的故事,打破思维定势。"

托德·亨利(Todd Henry)
《即时创意》(*The Accidental Creative*)作者

"在这本书中,迈克尔和梅根会帮助你理解大脑内部的运作方式,这样你对现实就能有更加清楚的认知,并找到更好、更有创意的解决方案来实现自己的目标。尽管不确定性会令人不安,但你会逐渐将其视为一种可能性,并且在面对事业和生活中的问题时,你也会自由地创造出新的更有效的解决方案。"

丹·苏利文(Dan Sullivan)
Strategic Coach 创始人及总裁

目 录

第二部分

检 视

质疑你的叙事人

大脑会给自己讲故事

2011 年，我（梅根）和我的先生乔尔决定收养孩子，让人丁更加兴旺，但是我们的准备工作没跟上梦想的脚步。我们对收养孩子要准备些什么几乎一无所知。

几年前我去过乌干达，我十分渴望收养这个国家的孩子。虽然经历了一番周折，但我们最终还是收养了两个很棒的男孩——13 岁的摩西和 1 岁的约拿。

在还有两个月就可以领他们回家的时候，我们听说约拿得了疟疾，住院了。儿童之家的负责人告诉我们这一消息时，我和乔尔正在看电影。我立刻变身为护崽的"熊妈妈"。几分钟后我们离开了电影院，开始着手变更我们的旅行计划。

第二天我就飞去了乌干达。那部电影我到现在也没看完。

谢天谢地，约拿的病情开始好转。我们有个护士朋友就住在乌干达，在我到那里之前，她帮忙照顾约拿。但患疟疾仅仅是个开始。我留在了乌干达，让两个男孩讲讲他们的故事。到目前为止，可以说他们复杂的早年创伤已经在他们身上留下了印记。[1]

实话实说，在乌干达和这两个孩子相处极具挑战性，我们期望回家后情况能有所好转，但事与愿违，挑战反而升级了。

作为父母，我们开始竭尽所能地进行种种尝试。但我想说的是，这并不奏效。一些读到这里的养父母应该能明白我在说什么。不久之后，我们已是黔驴技穷，然而挑战却仍在不断升级。

"我觉得我们没办法了。"一天晚上，我流着泪告诉乔尔，"我们的办法根本行不通。"我觉得自己身陷绝路，周围尽是沮丧和绝望。尽管如此，我们没有放弃，也绝不可能放弃，但我们束手无策，不知该何去何从。

我父亲（迈克尔）总是说，在你准备好之前，办法是不会出现的。果真如此，在我有一次彻底崩溃的几天后，我听说了卡琳·普维斯（Karyn Purvis）这个人，她是一名发展心理学家兼研究员，也是"基于信任的关系干预"疗法的联合创始人。

我还了解到，她要面向一群社会工作者举办讲座，讲座会场离我很近，我可以参加！于是，我的母亲帮我照看了孩子一晚，我和乔尔去参加了讲座。

我们不知道该抱着怎样的期待去听讲座。我记得驾车从纳什维尔到诺克斯维尔的途中，我时时在担忧。怀抱希望让我感到不安。我只知道我们需要帮助。那时，我们早已无计可施。

我们走进讲座会场，只带了笔记本和笔，还有一线希望。我们希望最终能得到一些答案，结果也确实如愿了。

讲座上的一切对我们来说都是闻所未闻的，也让我们长舒了一口气。普维斯博士所描述的情形和案例听上去和我们的如此相似。我们了解到，迄今为止我们做的所有尝试都注定会失败。她可以用多年的研究和直接经验来解释原因。

普维斯博士称呼这些孩子为"来自艰苦环境的孩子"，对待他们，需要另辟蹊径。其原因有若干，但有一个尤为简单，普维斯博士说出来时，一切都豁然开朗了，那就是大脑。

大脑是关键

在健康、正常的成长过程中，孩子们能学会在人际关系交织和环境不断变换的动态世界中生活，并适应其变化。他们习得的所有知识都是通过无数神经通路和神经模式在大脑中形成的，这些通路和模式构成了他们的全套技巧和能力。

但是经历既可以促使神经模式形成，也可以破坏它们。创伤经历会破坏有益的模式，并产生无用的模式。后者形成的干扰会产生适得其反的应对策略和行为。你会突然接到幼儿园园长的电话，家里的东西会突然裂为碎片，而你期待的那种可以发布到Instagram（照片墙）上的体面生活也随之化为泡影。

如果你无法做到（一个健康、成功的人应该做到的）和其他人正确相处，充分适应不断变化的环境，那么你会麻烦重重，你身边的人亦会如此。

这条真理不仅适用于我的宝贝儿子们，也是这本书的关键所在，我猜它也是你读这本书的原因。道理明白易晓：我们实现目标并获得所渴求的结果的过程，实质上就是我们与生活中的人打交道，适应身处的不断变化的环境的过程。

在这个努力的过程中，你使用的主要工具是什么？答对了——你的大脑。

托我的孩子们和普维斯博士的福，我乐此不疲地开始了一项关于创伤和大脑的计划外的研究。我一直对心理学有浓厚的兴趣，我在二十多岁时甚至有过成为一名心理治疗师的想法。而现在，孩子们的需求重新点燃了我蛰伏已久的兴趣之火，而且事态紧急到让我坐立不安，这让火势一发不可收拾。

　　我参加了一个涉及神经学各领域的短训班，试图了解大脑，想知道它是如何努力运转并治愈伤痛的，还想知道要想帮助我的孩子们，哪些是我该弄懂的。我并不是大脑方面的权威专家，还差得远呢，但我的确阅读了很多著作，也咨询了很多专家。

　　在短训班的学习过程中我意识到，人们面临的各种挑战本质上都是宿于大脑的，且在我们给自己讲述的关于现实的故事中清晰可见。

　　这就是根本问题所在，我也能在自己和乔尔身上看到同样的根本问题。我们以为过去的经验已经教会了自己行之有效的育儿方法，但我们错了。那些方法对我们亲生的孩子们行之有效，但对摩西和约拿却徒劳无功。尽管现在的情况与过去有着明显的相似之处，但原先的策略并不适用于新情况。我们的思维并不周全，在某些情况下，甚至有些落后。

　　我们所有人或多或少都有这样的倾向，只是表现形式不同。我们的大脑会基于先前的经验或是我们道听途说从别人那里学来的东西建立错误的连接。这些连接表现为无助于事的故事和策略，妨碍我们获得想要的结果。

　　接下来，我们将一步步分析这个过程。但现在，我们姑且认为这一过程基本上对任何地点、任何环境下的所有人都成立。

我（迈克尔）自己在很多时刻尝到了教训，现在就让我带你重返其中的一个时刻吧。

问题是"外在的"还是"内在的"

多年前的一个 8 月初，我（迈克尔）正与我的高管教练艾琳开会。当时我是托马斯 – 尼尔森出版公司的首席执行官，该公司是当时全球最大的英语出版公司之一（现在是哈珀·柯林斯出版集团的一部分）。我们的其中一项议程是讨论公司上个月的财务业绩情况。

"7 月份的情况怎么样？"艾琳问。

实际上，并不理想。我们没有完成计划。我很失望，整个执行团队也垂头丧气。为了达到目标，我们不知疲倦地工作。但结果还是不尽如人意。事已至此，我只想把这糟心事抛在脑后，继续前行。要不我还能说什么呢？

"我们没有达成计划。"我承认了。

"问题出在哪里？"她问。

"呃，现在市场不太景气，"我回答道。我已经准备好了一套完美的说辞，也有站得住脚的事实论据。"油价涨了，利率也上涨了，可自由支配的支出因此减少了一部分。消费者不像我们期待的那样经常光顾书店了。"

　　我还以美国普查局、《出版者周刊》（*Publishers Weekly*）和其他公司的出版物的销售情况作为例证，以我自认为乐观的口吻做了总结："虽然我们没有达到预期，但我们的业绩仍然比去年要好。"

　　我们做得还不错，是吧？这是可信的吧？然而，我的教练并不买账。

　　"好吧。"艾琳说，"我知道所有这些都是原因。环境艰难。但说实话，环境一直都艰难，不是吗？"

　　我不知道她想说什么，但我表示同意。是的，环境一直很艰难。然后，她向我投来一枚重磅炸弹。

　　"迈克尔，会不会是你的领导力导致了这个结果？"

　　"不好意思，你说什么？"我回答道，但其实她刚刚的问题我听得很清楚。艾琳缓缓重复了一遍问题。我应该是沉默了足足有两分钟。"嗯，我不太确定。"我支支吾吾，"这是个好问题，但我不知道该说什么。"

　　幸好，她给了我一个台阶下。

　　"只要问题是'外在的'，你就没法解决它，因为你只是个受害者。"她说，"我不是想让你于心有愧，我只是想给你些力量。你能为结果承担全部责任，才能改变结果。"

　　我点点头，仍然不太确定自己是否认同艾琳的话。但在接下来的几个小时，我们讨论了这个问题以及由它引申出的议题。我开始意识到，我给自己讲述的关于现实的故事，将可能做出的应对方案限制在了既定的视野中。

我当时企盼着 7 月份快点翻篇，然后迈入 8 月份。但是，当我想着业绩主要受（"外在的"）市场条件的限制时，我就已经限制了我和我的团队（"内在的"）可用策略的范围。

只要油价、利率和消费者行为是主要问题，我们就无计可施。前一刻我还津津乐道的故事，突然就让我感到不舒服了。我们为自己辟出了一条出路，但同时也附带着竖起了一道屏障。我对 7 月份业绩的叙事方式会让团队在 8 月份无法大展拳脚。正如我所说，领悟了这一点，我就像被炸弹击中了一样。

这种叙事方式是从哪里来的？它看起来是完全真实、不言而喻的。但实际上它只有一部分是真实的，而我和我的团队努力收集证据来证实这个故事。

我们都经历过这样的时刻，不是吗？我们以为自己弄清楚了某个问题或某种情况，却发现我们搞错了。这类错误的叙事方式成为我们前进道路上的荆棘，阻碍我们实现目标时，它们就变得尤其麻烦。

没错，很多问题都是"外在的"，但如何应对这些问题完全是"内在的"，答案就在我们自己的头脑里。我们会曲解、遗漏事实，或是以不符合客观实际的方式把事实拼凑到一起。我们的蹩脚故事让自己觉得管用，直到我们意识到其实它根本不起作用。我们绝妙的想法最后变成了死路一条。

神经元与故事

我（梅根）和乔尔在养育摩西和约拿时，面临着重重挑战，其中一个便是我们需要找到最好的方法来帮助他们从经历的创伤中恢复过来。普维斯博士提供了许多建议，她提议改变营养结构，促进大脑产生有益的化学变化。[2] 我们遵循了这种营养疗法，发现的确有用，但作用有限。

此前，机缘巧合，我读到了《神经反馈与发展性创伤治疗》（*Neurofeedback and the Treatment of Developmental Trauma*）这本书，作者是史伯恩·费雪（Sebern Fisher）。[3] 神经反馈依赖于大脑自我"重新连线"的非凡能力（也就是所谓的神经可塑性）来构建新的、更有用的神经模式。如果创伤把事情搞得一团糟，那么神经反馈就会理清思绪，让大脑处于更好的状态。

读完那本书后，我知道该进入下一阶段了。但是我该如何迈出这一步呢？我查到了作者费雪的电话号码并拨了过去。如果你了解我，你就知道这是我的行事风格。

电话没打通，她的语音留言说她不接新客户了，也不会回复留言。我没有放弃，还是留了言。出乎意料，几周后费雪回电了！

她重申了她不能直接帮助我们，但她帮我们联系上了依恋疗法治疗师阿列塔·詹姆斯（Arleta James），她用神经反馈疗法（有时也被称为大脑训练）专门帮助来自艰苦环境的孩子。

我们开始使用这种疗法，确实卓有成效。在几个月甚至几周内，我们就看到了显著的改善。但阿列塔的治疗手段可不止神经反馈疗法这一个。

通过营养疗法解决神经化学问题，以及通过神经反馈疗法调整神经模式都非常重要。但这些直接手段都只是整个计划的一部分。事实证明，还有其他训练大脑的方法，包括讲述和重新讲述我们的故事。[4]

我们可能永远无法破解人类大脑的一些谜团。但当代神经科学、认知科学和相关领域已经对大脑及其工作原理进行了大量的研究。

让我们先来看一下四个关键见解，它们与接下来几页的内容息息相关。

1. 我们的大脑蕴含着一个巨大的神经细胞（神经元）网络，通过突触连接互通和传递信息。

2. 这些神经连接既成为我们的思维方式，也塑造了我们的思维方式。

3. 这些连接产生了对过去的记忆和对未来的预测；我们可以把这些记忆和预测视为故事。

4. 这些故事告诉我们该如何看待世界，也告诉我们该如何在这个世界中采取行动，包括如何追逐自己的目标。

换句话说，神经元会讲述故事，而这些故事决定了我们能在多大程度上成功实现目标。讲故事是我们的大脑理解并呈现现实的一种功能。我们能达成怎样的成果很大程度上取决于自己能把故事讲得多好。

别太惊讶，故事是人类在这个世界上思考和工作的核心。我们依赖故事来创造意义，这样我们才能有目的地去行动。

例如，神话故事和起源故事都试图向人们证明，因为之前发生过其他这样的事情，所以现在发生这样的事情是真实的。同样，科学发现和问题求解也是讲故事的方式：如果我做 X，那么 Y 就会发生。而这样的假设就是一个关于世界可能的运转方式的故事。

我们接受一些成效显著的咨询、治疗以及商业和生活指导，归根结底是为了帮助我们理清自己的故事。

我们天生就擅长讲故事，也擅长表演自己讲述的故事。

但我们也最容易讲错、演错故事。怎么会这样呢？因为我们接受了无益的故事并采取了相应的行动。如果我们知道自己正在这么做，对我们来说倒是非常有益的，但问题就在于我们通常对此难以察觉。

看不见的那一步

高成就者有时会受到行动偏误[⊖]的影响，也许你能感同身受（我们确实能感同身受）。作为高成就者，在追求目标时遇到问题、差距或障碍时，通常会迅速对问题进行评估，并采取解决方案，也就是策略，类似这样：

问题→策略

当我们试图达到全新的状态，实现期望的目标或改善现状时，通常会问自己是否在做正确之事，是否精益求精，是否竭尽全力。我们会问："我能做些什么呢？"接着便制订计划，然后就付诸行动了。

⊖ 行动偏误（action bias）指的是个体倾向于在没有分析或者了解充分信息的情况下，先采取行动的现象。——译者注

这种方法通常行之有效。如果你大获成功，说明你在评估问题方面已经十分在行了。你的策略很可能奏效，你可以对它们进行调整，在不会遇到太多麻烦的情况下优化你的结果。

这在大多数情况下是有效的，所以我们认为成功主要取决于策略和执行。这就是生产力系统受到追捧的原因。在人们的想象中，如果他们学习了正确的要诀和技巧，他们就能更好地完成工作。这没有错，实际上这是必不可少的，但这还远远不够。

优化策略和提升执行力只能帮你走得再远那么一点。即使这两点都做到了，你会发现与预期还是有差距。

这就是我们陷入困境的地方：力图通过做一些不再奏效的事情来解决我们的健康、人际关系或职场的问题。这些方法明明不再奏效，我们却为它们花费更多的精力和注意力，仿佛自己缺少的只是精力和干劲。

我们需要后退一步。我们需要思考自己的思维方式，而不是思考自己在做什么。我们没有察觉到精力和干劲之外的东西且遗漏了给自己讲述的关于问题本身的故事。

问题→故事→策略

我们讲述的关于问题本身的故事从始至终都将决定自己的策略和随之产生的结果。我们必须了解问题的本质，才能有效地解决它。这解释了为什么我们的行动偏误会对自己不利。我们有时看不见或几乎看不见自己的故事。

问题→故事→策略

我们的策略，无论其结果如何，始终基于我们对自己处境的潜在解读。因此，要制定出有效的战略，我们必须对现实有准确的理解，或者至少要准确到能为自己所用，考虑利己有时候是件好事。

故事驱动策略，策略产生结果。我们应把故事放在举足轻重的位置，就像科学家突出强调他们的假设那样：

问题→**故事**→策略

然后我们就可以知道自己的故事从何而来，什么时候它们没有很好地为我们发挥作用，这就为我们提供了一个重新讲述故事的机会，而这个新的故事对我们更有用。

这就是我（迈克尔）的教练向我抛出那个重磅炸弹问题时发生的事情。她让我的故事暴露无遗。在此之前，我看不到这个故事是如何影响我对所面临的挑战的理解的，也看不出它是如何影响团队业绩的。

感觉这个故事就像是对过往现实的描述，简单又令人信服，而不像是一种凭空臆想，在给我当下和未来的可能性设限。教练的发问揭露了我的故事的本质，与其说它是对发生之事的解释，不如说它是关于过去的一种无能为力的借口，它让我和我的团队丧失了当下的主动权。

这就是为什么我们发现，在给商业客户提供教练指导或自我教练时，最有效的做法是质疑我们给自己讲述的关于自身处境的故事。

新的故事能构建起跨越鸿沟的桥梁，能更好地解决我们的问题。如果想要更好的结果，我们就得给自己讲述更好的故事。那么，我们再回过头来说说大脑。

困在无益的故事里

故事不仅产生于我们的神经元，也作用于我们的神经元，影响是双向的。我们可以通过改变故事来改变自己的神经模式，这为个人成长和创伤疗愈开辟了一条全新的道路，在解决问题和创新方面的意义就更不用说了。

如果我们的故事决定了自己对现实的体验，那么我们就能通过优化自己的故事来改善我们的现实。这创造了一个给我们的大脑"重新连线"的积极反馈循环，让自己更强大、更坚韧，更有能力应对生活中的选择、变化和机遇。

假设你翻开这本书是因为你遇到了问题，可能是商业、个人、人际关系问题，或是其他任何问题，而且你对迄今为止看到的所有解决方案都不甚满意。你在一个（可能还不止一个）目标上进退两难。

或者，不论从哪种角度衡量，你很成功，但你总有一种不安的感觉，因为觉得自己还有潜力可以挖掘却苟安于现状。你是那种一直全力以赴并寻求成长，对接下来可能发生的一切充满好奇的人。

要摆脱困境或是跃升到下一个层次，答案都如出一辙：追根究底都取决于你给自己讲述的关于当前现实的故事，而这个故事宿于你的大脑。

大脑拥有一个大约由 1000 亿个神经元连接而成的网络，银河系中恒星的数量大约就是这么多，你可以参考一下。每个神经元与大脑不同部位的大约 1000 个神经元相连，这形成了 100 万亿个神经连接。[5]

故事以及构成故事的所有想法就是这些连接的结果。这就意味着，可供我们选择的故事以及我们可以采用的策略实际上是无穷无尽的。[6]

记者史蒂文·约翰逊（Steven Johnson）做了这样的比较："万维网上大约有 400 亿个页面。如果假设平均每个页面有十条链接，这意味着，在我们大脑中交织着的密密麻麻的网络，比整个万维网还要大几个数量级。"[7]

但是，如果我们能思考出的想法几乎是无穷无尽的，为什么我们经常会重蹈覆辙，陷入无益想法的怪圈，或是在实现目标之路上制造虚假障碍？例如，认为某种育儿方法适用于所有孩子，或认为我们无法控制市场状况，所以该准备好面对惨淡的财务业绩。

为什么我们会陷入这样的困境？我们从脑科学以及职业教练和个人教练经历中得出的结论之一就是：人类对于自己的想法从何而来，以及它们如何影响后续的思考和问题求解几乎一无所知。

大脑为我们完成了很多无益的思考。它们是标记问题的好手，而这项工作主要是利用我们的潜意识完成的。因此，我们将大多数想法视为理所当然。我们的大脑将这些想法作为既定事实呈现给自己，我们从未对它们进行深入思考，即便有时自己的确需要这么做。

根据我们以往的经验，问题的解决方案看起来简单明了。例如，我们很容易就认为一名长期迟到的员工存在态度问题；认为销售疲软说明销售团队漫不经心；认为客户不回信息是因为其不感兴趣。我们觉得，自己有过类似的经历，所以在现在这种情况下应该知道要如何思考和行动。

这多多少少是在潜意识里发生的。而且我们经常足够正确（或足够接近正确），所以我们凭着自己的假设通常能获得成功。但是，当大脑所熟知的那些路径不能指引我们去往心之所向时，该怎么办呢？

我们该从源头去解决问题。

取得非凡成果的三步法

正如心理学家蒂莫西·威尔逊（Timothy Wilson）所说：
"我们都是自己行为的观察者，通过观察自己的行为得出结
论。"其中包括我们讲述和演绎的故事。[8] 所以当我们的故事
让自己身陷困境时，我们需要重新审视自己的想法。

该怎么做呢？可以从一个不同的视角切入，审视我们大
脑正在讲述的故事，并设想对自己更积极有用的故事。在这
本书里，我们提出了简单的三步法来实现这个目标：

第一，察觉出你的问题以及你讲述的与之相关的故事。
改进始于察觉。我（梅根）一直不知道该怎样让我的孩子们
得到他们所需要的帮助，直到我察觉出自己其实在做和目标
背道而驰的事情。

你已经读到这了，恭喜你！你已经迈出了第一步。现在
你已经知道这类故事是在大脑中自动形成的，它们受到包括
创伤在内的正面和负面经历的影响，它们既能促进又能限制
我们对环境的反应；通过改进我们的故事，我们能优化自己
的结果。

在下一章中，我们将继续研究大脑构建故事的方式和原因，探讨为什么这些故事必然会出现。我们将向你引见你的叙事人，如果这本书有一个反派，那么就非它莫属了。但我们之后也会看到，它也是个令人惊喜的得力盟友。我们也会在第二章为你展示为什么叙事人有时候会把事情搞砸。

第二，检视你的故事。神经元会讲述故事，但正如我们所见，它们也会编造出错误的故事。我们需要区分哪些是事实，哪些只是观点、推论、猜测等。这些东西多得超乎想象，在我们的脑海中起伏翻涌。

我们将在第四章探讨如何质疑自己的故事。正如我们将在第六章中看到的那样，这一过程可能会让你不安，但却值得一做。

当我（迈克尔）向教练讲述 7 月份业绩不佳的故事时，我掌握着所有的事实。然而，我把其中一些事实汇集起来，对其他的弃之不顾，得出了一个方便却毫无益处的结论。一旦教练和我察觉出这个故事并对其提出质疑，我就开始以对自己有益的新视角来看待现实了。

这个过程并不总是让人舒适。有时我们的直觉会让我们对自己的结论确信无疑，这就让我们很难对其提出质疑。但我们将会看到，自己的成败往往取决于在努力寻求更好的解决方案时是否愿意接受不确定性带来的不适感。接下去，就到了最后一步。

第三，设想一些更加行之有效的东西。一旦我们察觉出自己的故事是错误的，我们就能利用大脑天生的自我重新连线能力找到新的路径和解决方案。

通常这些解决方案需要我们放眼自身之外，借助自己的配偶、朋友、团队、教练和其他外部资源的帮助来获得深刻见解，讲出新的故事。很多时候，我们需要的解决方案不是某一刻的灵光乍现，而是在一连串新的见解和后续步骤中找到的。在为孩子们寻求帮助时，我（梅根）就是这么找到所需要的解决方案的。

本书的其余部分将探讨我们如何能最大限度地利用这些外部因素，并调整我们的思维，以便大脑将来能更快速、更可靠地建立起神经连接。

当你了解了大脑网络是如何运作的，你的想法是从哪里来的，它们是如何影响你的决定的，以及它们会在哪里出错，你就能对大脑网络重新编程，训练你的大脑讲出对自己更有益的故事，创造更好的解决方案，并取得非凡的成果。[9]

注意你的思维方式

这本书能让你了解大脑的内部运作，这样你能更清楚地看到现实，并找到更具创造性的方案来实现自己的目标。

你遇到了什么问题？你希望自己有什么改变？你希望自己的事业有什么改变？你希望世界有什么改变？你可以掌控自己的思想，找到创造性的解决方案，并在生活中取得非凡的成果，但也不能忽视风险。

我们的生活之所以会陷入窠臼，坦白来讲是因为我们的大脑往往偏好熟悉的路线而不是广阔的空间。大脑在熟悉的环境中能获得安全感，所以它依赖于久经考验且行之有效的神经连接。而且，避开不确定性是人类的生物天性，所以质疑我们多年来所处理问题的基本性质，会让我们感受到存在着威胁。

但也有好消息：当你了解了大脑是如何工作的，知道如何提出更具创造性的想法，所有这些都可以改变。

《成长制胜：如何精进思维实现人生持续跃迁》邀你勇敢启动新的且更好的思维方式和生活方式。尽管不确定性可能会令人不安，但它不是敌人，它指向的并非混乱无序，而是种种可能。拥有融入这个世界的信心，并根据需要重塑我们的故事，是比确定性更加珍贵和可靠的资产。

一旦我们接受了改变的必然性，就没必要再束缚于无效的策略和行动，就可以有效地应对我们遇到的所有事情了。

反之亦然。我们也可以拒绝参与这一改变，不去重新思考和设想新的解决方案。但是，如果我们这么做了，那些需

要父母尝试更好策略的孩子们将何去何从？那些需要领导者
构想出更优方案的企业又将何去何从？

说得更直接一些：不管你今天面临什么挑战，此时此刻
如果你这么做了，你将何去何从？

我们向你发出了邀请。你会接受不确定性的挑战，克服
让你陷入被动的恐惧，抱着接受可能性的态度，质疑你的故
事，并设想更积极有用的新故事吗？只要你点点头，工作和
生活中的非凡成果就会找上门来。

没错，这个决定会要求你不断检视自己的经验，问问自
己昨天所相信的东西到了今天是否依然行之有效并有益于
事。这么做也会让你摆脱束缚，成为与过去不同的人，在将
来实现此刻看似不可能的事情。

没有比这更令人激动和满足的生活方式了，而且这尽
在你的掌握之中。后面的章节将会告诉你如何活出这样的
状态。

┤ 行　动 ├

在阅读本书的过程中，思考一个你想解决的问题或者一
个你想得到的机会。从 fullfocus.co/self-coacher 网站下载
"Full Focus 自我教练"（Full Focus Self-Coacher）文档，
将你想到的问题或机会记录下来，这样你就能随着我们探讨的
推进，回过头来继续填写。

第一部分

察觉

认出你的叙事人

ONE

第一章

向你引见叙事人

在过去的几十年里，我（迈克尔）参加了数以千计的会议、会谈和讲座，见识过极具感染力的演讲者和出类拔萃的沟通者，当然也遇到过比较糟糕的情况。

我也做过公开演讲，所以我总是对演讲者的表现很感兴趣。无论是纯粹当观众的时候，还是在台下等着上台发言的时候，我都会记笔记。通常，我会关注演讲的内容，但我也很注重表达方式和演讲技巧。我会思考有哪些经验是自己可以学习的，或者有哪些教训是自己可以避免的，这样我就能讲得更好。

有一个案例引起了我的注意。记得那是一次领导力会议，一家大公司的首席执行官一开始就说："我真的不是一个有天赋的演讲者。"在接下来的一个小时里，他用费力的演讲证明了这一点。

他东拉西扯，偏离正题，没有思路，前后矛盾。正如我们的一位同事所说，他是"一个糟糕透顶的演讲者"。很显然，他没做什么准备，也没有事先练习过。我扫视了一下会议厅，发现有一半的人在盯着自己的手机，或是看往出口处，根本没有人在听他演讲。我为他感到难过。

但这种情形也是在所难免的，不是吗？他已经给我们打过预防针了，说自己不擅长演讲。在走上演讲台之前，他似乎已经将这句话牢牢刻在了心里，然后自证其言。

他对自己期望不高，所以也就没有费心准备。毕竟，费这个劲有什么好处呢？不管"天赋"意味着什么，那位首席执行官没有"天赋"。他成了我们所说的叙事人的受害者。叙事人存在于我们每个人的大脑中，实时讲述着自己生活中的事情。它还会回顾过去的事情，搞清楚来龙去脉，并展望未来，帮助我们应对未来发生的一切，但有时它却是个破坏者。

再来看看我（梅根）的故事版本。

在我的成长过程中，我始终害怕在人群和听众前发言，任何形式的都害怕。高中的时候，我发现自己在全班同学面前讲话时声音会颤抖，焦虑的情绪会将我吞噬。我的叙事人试图让我待在安全区，它告诉我，只要开口说话，或多或少都会有危险。

大学四年级的时候，我目睹了一位朋友演讲不下去了，竟跑出了教室，这加深了我的恐惧。她很害怕。我发现她在卫生间抽泣，流下了屈辱的眼泪。我从不希望这种事情发生在自己身上。

二十多岁的时候，我不惜一切代价避免在人群面前开口说话。我甚至无法和6~8个人一起大声朗读《圣经》章节。每次尝试开口，我都觉得自己要喘不上气了。

任何职业方面的机会，只要涉及演讲，我都有意避开。我在会议上始终缄默不语；如果晋升后的工作中需要演讲，我便拒绝升职；当我意识到出版一本书需要进行公开演讲时，我放弃了成为职业作家的机会；即使我知道自己是专家，我也还是会拒绝参与团体分享，策划者团体也好，其他团体也好；我压低声音，以免在别人面前说话时心生恐慌。这些对我来说都是不利的。

叙事人告诉我，如果我开口说话或者走上演讲台，我就会崩溃，会受到羞辱。更糟糕的是，它告诉我，我身上存在着严重的问题。

- 我没有天赋。
- 我注定会失败。
- 站出来说话是有危险的。
- 我的身上存在某些问题。

这些故事从何而来？在本章中，我们将找出叙事人，并展示它在大脑中是如何工作的，甚至展示它是在哪里工作的。我们将看到它是如何塑造我们对世界的看法的。

我们将从世界上最古老的故事之一开始讲起。朱迪亚·珀尔（Judea Pearl）是美国的一位以色列裔认知和计算机科学家，他对这个最古老的故事有不同寻常的发现。

亚当，你在哪里

你也许对亚当和夏娃的故事耳熟能详。这个故事已经深入到了流行文化中，甚至其他信仰的人和非宗教人士对它也都有所了解。

故事讲述的是亚当和夏娃违反了上帝的禁令，偷吃了知善恶树上的果实。但是珀尔读故事的时候，注意到了另一件事情——我们的思维方式似乎有些奇怪。

第一次读到这个故事的时候，珀尔还是个小孩子，在以色列上学。那里的学生每年会读几遍这个故事。但是，珀尔第一次、第二次，甚至第三次读这个故事的时候并没有什么发现。

"当我第一百次重读《创世纪》时。"他说，"我发现了一个多年来一直没有注意到的微妙之处。"[1] 你可能知道这个故事，看看你能不能发现珀尔所说的微妙之处。

上帝把知善恶树栽种在伊甸园中央，告诫亚当不要吃它的果实。蛇引诱夏娃偷吃禁果，她吃了，然后分享给亚当，亚当也吃了。

很快，上帝来找他们，问了一个简单的问题："你在哪里？"请注意，上帝的问题只需要用一个事实来回答，具体地说，就是只需要用一个地点来回答。所以我们可能认为亚当会回答"我在这里"或者"我在左边的第三棵枣椰树旁边"，但亚当并没有这样回答。

亚当回答的不是在哪里，而是为什么。他告诉上帝的不是简单的事实，而是一种解释。"我在园中听见你的声音，就害怕。"他说，"因为我赤身裸体，就藏了起来了。"

上帝接着又问了两个问题："谁告诉你，你是赤身裸体的？难道你吃了我吩咐你不可以吃的那棵树上的果子吗？"

这些依然是关于事实的简单问题。亚当可能会说："是的，我确实吃了果实。至于赤身裸体，在吃完果子之后，我差不多自己就想到了。"

但亚当并没有直接回答这些问题，而是给出了另一种因果解释："你所赐给我并与我在一起的那女人，她把树上的果子给了我，我就吃了。"

然后上帝转而问夏娃："你做了什么事呢？"这是个直截了当的问题，最简单的回答是："我吃了果子，然后给了亚当一些。"但是，夏娃回答的也是为什么："那条蛇欺哄我，我就吃了。"[2]

这个故事呈现出一种奇怪的模式。亚当和夏娃都没有针对问题所要求提供的事实来回答，而是做出了解释。这样的回答意义何在呢？

珀尔说，很早以前"我们人类就意识到，构成世界的是未加渲染的事实（我们今天可能称之为数据），而这些事实通过错综复杂的因果关系网联系在一起"。更重要的是，他说："因果性的解释，而不是未加渲染的事实，构成了我们的大部分认知。"[3]

人类有一种确立意义的基本需求，以此来理解和解释事情为什么是这样的。我们为什么要做自己所做的事情，以及其他人为什么要做他们所做的事情。

但我们所知的大多数事情都不是事实，它们是我们告诉自己的关于事实的观点、假设、推测，以及故事。我们会情不自禁地这么做，大脑天生就会在概念之间建立因果关系。[4]我们天生对故事情有独钟，观察一下小孩子就能明白这一点了。

婴幼儿是如何学习的

对于婴幼儿来说，这个世界陌生而令人困惑。我们每个人都带着默认的程序设计和与生俱来的本能来到这个世界。

但除了呼吸的能力、基本的成长轨迹和对安全的需求之外，其他的我们几乎都无法掌控。

我们没有经验，因此也不了解事物是如何运转的。我们不知道火炉是热的，猫有爪子，或者也不知道世界上最好的烧烤在纳什维尔。我们必须学习才能知道这些，大多数人都是靠学习来增长见识的。

我们两个现在能从（梅根的女儿，也是迈克尔的外孙女）娜奥米身上看到这一学习过程，我们为此感到非常高兴。在写这篇文章时，娜奥米才两岁，她吸收新知识的速度比我们想象的还要快。她总能将一件事情与另一件事情联系起来，这令我们感到惊讶。

娜奥米的爷爷（娜奥米叫他甘迪）有一艘船。当我们谈论着要去湖边时，娜奥米会说："甘迪的船。"注意，在她面前有三个概念：甘迪、船和湖。她以某种方式将它们组合在了一起：有一艘船，它与甘迪有关，当我们去湖边的时候，甘迪和船通常都在湖边。

这类事情经常发生。例如，她会在睡前开始念叨她喜欢的书，并说："你读这本书。"当我（梅根）让她说"请"时，她会纠正自己说："请你读这本书。"

娜奥米将就寝时间、特定的书、它们的书名和礼貌地请求组合在一起，她的学习过程反映出她能快速获取概念、联系和所处情境的信息。我们所有人都是这样的。

想想你最近一次在工作中学习新任务，使用新地应用程序或设备，或者和新认识的人喝咖啡。当你遇到新事物或者认识新朋友时，你会获得新的概念，你会去了解它们是如何联系在一起的，如何协同运作的，而且这一切是你在某个项目中、某个平台上或某段关系中进行的。

这一切是怎样发生的？大脑正通过神经元将概念联系在一起。

概念是我们用来掌控世界的主要工具。当我们大脑中的突触，即脑细胞之间的连接，以特定的模式连接神经元时，概念就形成了。

人脑有一种神经元，主要帮助我们标记和记录世界上的一切事物以及自己对它们的看法。神经科学家将这种神经元称为概念细胞。科普作家、物理学家列纳德·蒙洛迪诺（Leonard Mlodinow）[5]说："我们拥有关于人、地点、事物甚至输赢之类想法的概念细胞网络。"

像娜奥米这样的婴幼儿时时都在观察、聆听、触摸和品尝，因为他们正在以惊人的速度获取新概念。这些概念最终会被父母、朋友、老师和其他人贴上标签。但是，在别人说出我们所观察到的东西叫什么之前，我们的大脑就在忙着尝试理解它遇到的所有信息。

每当我们在现实世界中遇到一些事物时，大脑就会对它们进行分类、贴上标签，并将其存储在我们的神经网络中，以待日后读取。这些事物可以是具体的东西，例如石头、杯子、鞋子或者薪水，也可以是抽象概念，例如爱、恐惧、美或正义。

"我们所构想的每一个概念都是以概念网络中神经元群的物理形式存在的。"蒙洛迪诺说，"它们将我们的想法以物理形式呈现出来。"[6]

连锁反应

当然，概念本身不会给你带来太多好处。如果你拥有的只是通过神经网络捕捉到的看似随意的经历、目的和想法，那么你没法运用它们做很多事情。但是由因果关系串联起来的概念是有用的。

这或多或少就是思考，就是通过关联把两个概念结合在一起。每当我们遇到新的、稀奇的、令人吃惊或着迷的东西时，大脑就会在现有的概念库中快速浏览，并试图将它与我们已知的东西联系起来。[7]

我们可能需要扩展想法，使它与其他想法组合或关联起来，或者需要把它拆分成几个部分。但是通过运用我们已知的概念，我们能够学到更多东西。"将这些想法串联在一起，我们的结论就出来了。"蒙洛迪诺说。[8]

当娜奥米把桌子上的食物掉到地上时，她得到了一个概念——食物掉落。当她的父亲乔尔对她说"不能这么做"时，她获得了另一个概念——禁止。甚至在她给这些概念贴上标签之前，她就已经知道它们是怎么组合在一起的了，如图 1-1 所示。

图 1-1

她确立了将这两个概念关联起来的意义。现在，当她再次把食物扔到地上时，她就已经形成了与这一情境对应的概念模式，她就可以给自己讲述一个未来类似情境的故事了。

这也就解释了为什么孩子们一旦能较为流利地进行表达了，就会问出很多问题。好奇心驱使他们将想法联系起来，去发现概念之间的潜在逻辑。哈佛大学教育学教授保罗·哈里斯（Paul Harris）称，孩子们在 2~5 岁时会问出大约 4 万个关于为什么的问题。[9]

所有这些发现、关联和情境设定的行为中，故事自然就会产生。当你以某种方式完成任务时浮现出来的记忆，当你按下某个按钮或使用某项功能时对随之会发生的事情的预测，就是故事。

我们的大脑会通过讲故事来帮助自己理解周围发生的事情，并知道该做出什么反应。用最简单的话来说，我们的大脑会发现两个或多个事物之间的因果关系。

这就是我们所说的神经元会讲述故事。毕竟，故事就是传达意义的一系列事件。从本质上说，你的想法就是叙事人正在告诉你的关于你周遭发生的一切的故事。叙事人从不休息，你的大脑不停地在创作这些小故事。

察觉到你的叙事人

20 世纪 60 年代，神经科学家迈克尔·加扎尼加（Michael Gazzaniga）开始研究那些大脑异常的患者。有一个例子能帮助我们了解自己的潜意识有多么希望能解释各类事件。

一名在文献中被称为 P.S. 的年轻人，接受了切断胼胝体的手术。胼胝体是连接左右大脑的密集神经网络。这种始于1962 年的手术在今天听起来很残忍，却能缓解极其严重的脑损伤或脑部疾病，也为研究人员提供了一个难得的机会来了解大脑的两个半球。

大多数人都知道大脑的两个半球拥有不同的功能。尽管并不像我们以前听到的说法那样简单，即左脑负责逻辑思维，右脑负责创新思维，但左脑确实擅长识别先前学过的模式，而右脑则专门识别独有的特色。[10] 由于语言是一种先前学过的模式，所以左脑负责处理大部分语言元素。这一点在 P.S. 的案例中很重要，与加扎尼加的发现也息息相关。

一旦外科医生切断了胼胝体，左右脑就无法再相互交流了。它们各自能继续工作，但不能再共享信息。正如俗话说的那样，"右手不知道左手在做什么"，反之亦然。

手术后，加扎尼加和他的研究伙伴约瑟夫·勒杜（Joseph Ledoux）让 P.S. 注视电脑屏幕中央的一个点。他们只在这个点的某一侧闪现文字和图像，这么做是为了不让已经无法互通的大脑另一侧接收到这些信息。[11]

利用这种方法，加扎尼加和勒杜只向 P.S. 的右脑展示简单的指令。P.S. 会按照指令站立、笑、挥手或者做任何指令要求的事情。随后，加扎尼加和勒杜询问他为什么会那样做。

因为 P.S. 的左脑并不知道他接收了哪些指令，所以最准确的回答应该是"我不知道"之类的。但怪异的是，P.S. 的左脑竟为之编造了理由。勒杜解释说：

> 当右脑的指令是"站立"时，P.S. 会解释说他需要舒展身体。当右脑的指令是"挥手"时，他解释说他以为看到了一个朋友。当右脑的指令是"笑"时，他解释说因为我们很有趣。[12]

这些答案都不符合事实。它们是用来解释个人经历的（而且基本上是自动生成的）虚构故事。

由于左右脑通信中断，所以左脑完全不知道发生了什么。但是，加扎尼加说："左脑不会就此告诉我们它不知道。它会猜测、推诿、辩解，并寻找因果关系，它总能得出符合情境的答案。"

加扎尼加对其他患者进行的研究也得到了类似的结果。左脑半球想要解释原因，不介意为此编造一些理由。加扎尼加说，这一发现是"裂脑研究中最令人震惊的结果"，特别是当我们意识到它也适用于健康的大脑时。[13]

"这就是我们的大脑整天在做的事情。"他说，"它从它的不同区域和外界环境中获取信息，并将这些信息组合成一个有意义的故事。"[14]

不同的是，健康人的大脑左右半球可以交流，所以故事会更可靠些。但背后的原理是相同的。

通过问为什么事情会发生或者为什么事情会是这样的来理解周遭正在发生的事情，是我们的生物天性，是神经系统与生俱来的需求。否则，我们会觉得自己的经历是随机的，对未来的生活没有掌控感。

这就是叙事人的工作，解释所有生活经历的原始数据，并以一种点对点连接的方式反馈给我们。它给出的解释就像黏合剂，能够将一切都联系起来。[15] 它有自己的思想。

幕后工作

我们的大脑重量只占身体重量的 2%，然而它每天却要消耗我们供氧量的 20%。[16] 我们的大脑到底在做什么，需要消耗如此多的能量？它做的事情主要是为了让我们能活着。

我们的身体每时每刻都在自主运转，例如，自主呼吸、自主输送血液、自主保持平衡，等等。这些都来自大脑的无意识运作。我们通常只有在身体出现问题的时候才会注意到它们。但大脑同时也在默默地忙着给概念分类，并在概念间建立起连接。

我们一次只能进行一个有意识的思维活动。[17] 这些有意识思维只是大脑无意识运作的一小部分而已。

每时每刻，大脑的各个区域都在不停地进行交流。它们对我们所感知到的信息进行处理，对记忆进行分类和合并，对问题进行思考，然后讲出故事。

关于有意识思维是如何产生的，目前并没有统一的理论。一种流行的理论认为，当来自大脑外部（或内部）的信息变得重要或者明显到足以让我们格外注意的时候，有意识思维就产生了。

这个过程有时被称为头脑中的守护进程[⊖]。各个小的守护进程关联着大脑的不同区域和子区域，它们喋喋不休，对潜意识思维来说形成串音干扰。[18]

但是，假设有件影响到我们安全或引起我们好奇心的事情触动了自己的感觉，我们的潜意识思维受到的串音干扰就会瞬间加剧，明显到足以引起自己的注意。守护进程就会将这个感觉提升为我们的有意识思维。

⊖　守护进程（daemon）是运行在后台的一种特殊进程，没有控制终端，它们常常在系统引导装入时启动，仅在系统关闭时才终止。——译者注

实际上，研究人员在进行脑部扫描时就已经特别注意到了这一顿悟时刻。如果某个时刻被称为 P3 波[19]的脑波突增，这个时刻就是顿悟时刻。如果串音足够明显，或者大脑足够多的区域都在发出串音，就会产生 P3 波。

在那一刻，我们意识到了某件事，这也意味着我们在事情发生之后才能意识到它们。正如神经科学家斯坦尼斯拉斯·迪昂（Stanislas Dehaene）所说："意识落于世界。"[20]如图 1-2 所示。

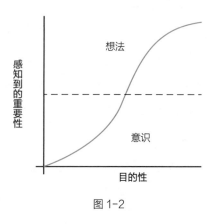

图 1-2

潜意识不断地把想法和情绪预载到我们的意识里。我们不知道自己是怎么想到它们的，但它们就是会出现在我们的脑海里。就好比我们开会总是迟到，潜意识总能帮到我们，它会把信息塞进一个文件夹，并在我们进入会议室时递给我们。

文件夹里的内容是叙事人正在处理的原始材料。这就是为什么我们关于这个世界的许多故事看起来是不言自明、真实可靠和万无一失的。它们只是故事，但我们的大脑却将它们呈现得就像是确凿的事实。

当我站在观众面前时，我感到焦虑，心里发怵，所以演讲一定是危险的。

我不具备在这种情况下取得成功的条件，所以没必要去尝试。

我看不到越过障碍实现目标的方法，所以这肯定实现不了。

无论是平凡小事还是重大要事，我们每天成千上万次的行为都被这样的想法所影响。当我们感到无聊、心烦、高兴、生气、悲伤或沮丧时，叙事人会告诉我们该做什么。

当我们浏览社交媒体、开车、打高尔夫球、听播客、分析合同、锻炼或者决定何时结婚、创业或者搬家时，叙事人都在跟我们说话。

无论我们在生活中追求什么样的结果，叙事人都在，它通常会帮助我们，但有时也会带来伤害。它并不总是对的，有时也会帮倒忙。

叙事人帮的倒忙

我们将概念储存起来，需要时调用，这样就可以感知周围世界正在发生的事情，了解它们对当下意味着什么，以及自己需要做什么才能成功制订出计划并做出行动。这就是我们形成记忆和设想未来的方式和原因。[21] 我们的想法具有这种前瞻性，知道这一点对自己了解叙事人来说是必需的。

叙事人的工作就是收集我们通过感官获得或从他人那里得知的所有零散数据，并将它们串成某种有意义的故事情节，来解释自己所知道的东西，并帮助自己应对不知道的事情。

这项工作包括潜意识猜测和有意识猜测，神经科学家称之为预测。简单来说，就是根据这个世界的所有纷繁混乱的信号来创建看待它的心智模式。[22] 大部分时候，这种预测是有效的。这是我们维持人际关系、保住工作、养育孩子以及做所有其他事情的方式。

但叙事人也会帮倒忙。为什么销售额下降了？一定是经济不景气。那个司机为什么超车到我前面？她太鲁莽了。我们为什么会输掉那场比赛？裁判有偏颇。你为什么要骗我？一定是你想骗我。这件事为什么会发生在我身上？一定是我做了什么，所以罪有应得。

可能的确是因为这些，但话又说回来，也可能不是因为这些。叙事人是标记问题并提出解决方案的好手。但我们不应该总是理所当然地接受它给出的解释，尤其是当这些解释妨碍我们实现目标的时候。在本章中我们已经遇到了几个这样的例子：

- 我不是一个有天赋的演讲者。
- 参加小组分享是危险的。
- 一定是我有问题。

当叙事人给我们灌输这样的看法时，我们要准备好质疑它。但在学习如何做到这一点之前，让我们先来好好地了解一下自己的大脑是如何构建它所讲述的故事的。

第二章

你的大脑是如何构建故事的

当我（迈克尔）告诉教练我们的财务业绩时，我没有意识到我的解释就是个故事。还记得吗？我当时是一家出版公司的首席执行官。这是多么可笑的失察！要知道，出版行业最不缺的就是故事。

这一失察使我处于不利的地位。为什么呢？因为故事是建立在假设的基础之上的，并且是为了特定的目的而构建的，这些假设和目的决定了我的故事有多准确、多积极有用。

我的故事里有各种引人关注的事实。汽油价格真的上涨了，利率也上涨了。商店的客流量明显下降，这一点看起来很重要，因为当时的在线销售规模没有现在这么大。

请注意，我收集这些事实的方式营造出了业绩必然不佳的氛围：因为价格和利率都在上升，人们减少了在书籍上的花销，所以，他们不再去书店买书了。更重要的是，我可以（我也确实这么做了）搜集各种官方消息来证实我的故事。

但是，同样的事实也有其他的解读方式。也许人们可自由支配的资金确实减少了，但书籍是一种相对便宜的娱乐消遣和信息来源。也许油价的确上涨了，但在线零售商的生意一直没断过。

事实上，我的假设有问题。事实证明，我想达到的目的也有问题。仔细想想，我的故事与其说是在解释现实，不如说是为了确保人们（例如，我上面的董事会）知道，我和我的团队虽然没有完成既定计划，但一切都在我们的掌控之中。

换句话说，这是一种公关。正如我的教练指出的，这也是一个牢笼。可以用于改善我们7月份业绩的策略，也可能会帮助我们达成8月份的业绩目标。但是，我更多的是塑造了一个看起来还不错的故事，而不是一个能做得更好的故事，这就导致我们永远不会有创造力，也发现不了那些策略。

我的假设和我努力想达到的目的构建出了一个关于我过去业绩的故事，不考虑任何个人因素，这给我们目前的策略带来了直接和消极的影响。这个故事使我们免受指责，却也在无意中剥夺了自己的主动权，遏制了自己改进的动力。

谢天谢地，我的教练注意到了我在做什么，并提醒了我。到目前为止，这仍然是我在商业方面学到的最重要的一课。

再来看看我自己（梅根）避开演讲台的故事，其构建过程也一样。根据我对演讲的生理反应——心跳加速，肾上腺素飙升，我认为演讲是有危险的。

这种假设在一些情况下得到了证实。例如，我的朋友在班上演讲时失态了。每当我想到演讲的时候，这种印象就变得更深刻。一想到要开口演讲，我的心就开始狂跳，脖子也会涨得通红，所以我会避开演讲台。

基于这种假设，我的首要目的变成了保持安全，免受伤害。我待在了安全区，限制了自己在工作和其他方面的潜能。就像我父亲的故事一样，我的假设也是个牢笼。

我们的假设和目的引导着故事的发展，而故事决定着我们的表现。我们将在下一章探讨目的。现在，让我们深入研究一下假设。它们来自哪里？简单来讲，假设是你通过亲身经历获得的或是从他人那里得知的一切。

假设首先来自亲身经历

大多数人不需要任何人告诉他们别再去碰滚烫的火炉，因为大脑自己完全有能力建立起事件之间的联系。顺序是这样的：

$$炉子 = 高温$$
$$高温 = 灼伤$$
$$灼伤 = 痛苦$$
$$痛苦 = 小心！$$

所以，我们会对滚烫的火炉更加小心谨慎。我们的经历，特别是那些非常积极或非常消极的经历，是不可思议的意义制造器。

我们所有的故事都根植于经历，并储存在自己的记忆中。当我们回忆起这些时刻时，感觉就像在重新经历一样。

我们对记忆的工作方式能有这么多的了解，要归功于另一位在研究文献中以首字母命名的著名患者 H.M.。在一次事故后，他苦苦忍受了长达 10 年的癫痫折磨。1953 年，他接受了一项实验性手术，切除了海马体。我们每个人都有两个海马体，分别位于大脑的两个半球，就在太阳穴下方。不同寻常的是，它们看起来有点像海马，因此得名海马体。

H.M. 的癫痫在术后没再发作，但这也让他的记忆功能无法再正常运作。事实证明，海马体对于将新的经历储存到记忆中至关重要。

在这一发现的后续研究中，科学家们发现，海马体为神经模式提供索引，并在需要时将它们提供给我们的大脑新皮质使用。这两个不同部分的相互作用让我们的大脑能够再次召唤（想起）在原先的经历中形成的神经模式，将当时那些想法或多或少地重现于我们脑海中。[1]

研究人员可以看到大脑中的这一过程。功能性磁共振成像显示了神经活动模式是如何在一项任务中形成的，以及任务完成后它们是如何在海马体中再造和重现的。一位研究者在描述这一发现时说："这就好像大脑不断地回放一个电影场景，直到将其烂熟于心。"[2]

叙事人在大脑回顾过往的经历时展开故事。这就是海马体负责的工作，它同时也负责空间导向。

也正是利用了海马体的空间导向特性，大脑才能在记忆或想象的心理空间中穿梭，找到构建故事的一连串人物、事件和其他概念。[3]

两种记忆

海马体能促进两种记忆：情景记忆和语义记忆。情景记忆记录了我们对与自身相关事件的记忆。它使我们能够在心理空间中穿梭，不仅能回忆过往的经历，而且能想象未来的情景，这一点我们将在下一章展开详细讨论。

语义记忆是关于那些与我们无关，但我们认为足够重要，需要记住的事实、数据、物体和事件等。[4] 例如，我们知道自己通过了化学考试，清楚自己的国会议员投票记录，明白车上闪烁的信号是什么意思，或是知道按照拼写规则，字母"i"出现在"e"之前，在字母"c"之后。

想要快速区分情景记忆和语义记忆，应急的办法就是：前者是主观的，而后者是客观的。但奇怪的是，我们在脑海中回放情景记忆的次数越多，就越觉得它客观。这就是为什么我们被邀请上台演讲时，肾上腺素的飙升似乎意味着某种危险，为什么主观体验现在给我们的感觉就像是客观事实，尽管实际上并非如此。[5]

最初的主观信息（我们的经验）可以披上客观真理（现实本身）的外衣。

这就是为什么在我们的记忆中，儿时游乐场的滑梯总是高得吓人，尽管它只有六英尺高而已。因为我们当时的感觉就是这样。无论我们过去的记忆是什么，它似乎都是绝对客观真实的，即使事实并非如此。

我们都不是纯粹中立的观察者。我们的记忆是有选择性的，会被偏见和情绪左右。回忆录作家似乎比我们更容易理解这一点。我们会有目的地读取和复述记忆，可见我们回忆起来的事情有多么不靠谱。

作家弗兰克·谢弗（Frank Schaeffer）在他的一本回忆录开头写道："我敢肯定，有些事件我记错了年份，或者有些事情我记错了发生地。"他还补充道："我写的东西来自被时间、偏见、错误回忆和强烈情感扭曲了的记忆。"[6]

这些扭曲的记忆塑造了我们关于自己、他人和世界的故事。"事实从来不是凭空出现的，而是由你对过往经历形成的想象整合起来的。"小说家菲利普·罗斯（Philip Roth）在他的回忆录《事实》（*The facts*）中写道："过去的记忆不是你对事实的记忆，而是你基于对事实的想象产生的记忆。"[7]

我们很可能会受到积极经历和消极经历的过度影响。正如人们常说的那样，自己对于过往的记忆会比实际更美好，有时也会比实际更糟糕。不管哪一种，我们对于过往的记忆往往与实际不同。

假设也来自他人的想法

影响我们假设的另一个关键因素是自己的人际关系网。它不仅包括我们直接认识的人，还包括我们生活中那些更广泛的群体。可能是和自己在同一个工作场所的人，和自己在同一个街区、城市、国家和社会的人，甚至是和自己有共同历史的人。

想想我们不了解的事情，数都数不清。也许是坐便器和电话怎么用，鸟类和蝴蝶如何迁徙，摩天大楼是怎么建起来的，飞机如何飞上天的，等等。我们不知道的事情无穷无尽，自己有太多的东西要了解，却没有足够的时间、注意力或心智能力来学习。

所以，我们会依赖别人告诉自己的信息。事实上，我们产生的大多数想法都是别人给予自己的。塞缪尔·早川（S. I. Hayakawa）和艾伦·早川（Alan Hayakawa）在《语言学的邀请》（*Language in Thought and Action*）[8] 一书中写道："人类一学会理解，就开始接收传闻，关于传闻的传闻，关于传闻的传闻的传闻。"这些传闻充满了是什么和为什么、事实和解释，其中有些是错误的。

我们的叙事人保留了一些想法，拒绝了另一些想法，同时将所有传递过来的想法都融入故事中。通常我们会在不知不觉中这样做。我们在工作中这么做，在初次约会时这么做，在竞猜之夜给朋友们留下深刻印象时，也在这么做。

每个人都是群体的产物，而这个群体对我们的思维有很大的影响。"无论我们认为自己知道什么，是对还是错，都源于自己与他人的互动。"贝勒大学教授艾伦·雅各布斯（Alan Jacobs）说："我们不可能独自一人'为自己'思考。"[9]

有时，我们所处的群体为我们提供的故事是有帮助的。例如，我们中许多人的职业道德、价值观和基本生活方式都来自我们的家庭。关于努力工作、正直诚实和健康生活的价值的故事对家人们很有帮助，可能还会继续帮助我们驾驭这个世界。但其他的故事对我们来说可能就没什么用了。

励志演说家吉姆·罗恩（Jim Rohn）说过一句很流行的话：把你花最多时间相处的五个人平均一下，就是你的样子。这句话听起来不错，但说得还不到位。事实上，你的思想、信仰、行为，甚至幸福都会受到朋友、家人和熟人网络的影响。

研究人员尼古拉斯·克里斯塔基斯（Nicholas Christakis）和詹姆斯·富勒（James Fowler）在对心脏病患者的长期研究中发现了这一点。从肥胖到吸烟再到幸福，一切都证明了网络效应。朋友以及朋友的朋友，都会影响我们自己的习惯和健康。[10] 一项研究表明，如果你的朋友有快乐的朋友，那么你自己快乐的可能性也会增加 6%。[11]

来自周围人的影响远比大多数人意识到的要大。雅各布斯说："我们与一些人相处惯了，不可避免地也会用他们对待世界的方式来行事，不仅观念上会这样，实践上也会如此。"[12]

五年级时老师夸你数学成绩好，他其实就是在给你讲故事。那个十几岁的男孩觉得你很可爱，你暗恋对象的父亲说你很鲁莽，他们也是在给你讲故事。你的宗教传统会给你讲一些关于生命起源及其意义的故事。你的生物学教授、你最喜欢的歌手或者最好的朋友可能会给你讲这些故事的其他版本。

我们通常会不加质疑地就把这些故事添加到自己的脑海中。我们相信父母跟自己说的话，相信朋友的判断，甚至会相信那些讨厌我们的人讲的消极故事。在这些情形中，我们都在试图找到自己所经历的事情背后的意义，并用从他人那里收集到的信息来填补故事的空白。

正如认知科学家史蒂文·斯洛曼（Steven Sloman）和菲利普·费恩巴赫（Philip Fernbach）[13] 所说："我们生活在一个知识共同体中。我们关于世界的故事很大程度上受到周围人的影响或是从周围人那里获得的。而且，无论叙事人的故事是通过亲身经历获得的，还是从他人那里得知的，我们天生倾向于对它们信以为真。"

为什么"自己是对的"这种感觉很棒

为什么我（迈克尔）对讲给教练听的故事如此确信？我们基于某个原因得出的结论和它带来的结果不一定吻合，很可能我们得出结论说这个销售战略"永远不会奏效"，结果它让销售业绩破了以往所有的记录，或者，我们刚得出结论说自己是部门里最优秀的员工，下一秒钟就被解雇了。

我们的故事大体上与自己的经历和迄今为止对世界的认知一致。它们对我们来说是有意义的。在我们意识到事实并非如此之前，它们看起来真实可靠。

你可能已经在商业、政治、人际关系、个人健康和其他方面遇到过很多次结果和我们的故事不符的情况了。我们会一遍又一遍地尝试每次都收效甚微或毫无成效的策略，因为我们确信自己的故事是对的，即便结果和它们并不一致。

我们喜欢"自己是对的"这种感觉，而且很容易说服自己我们就是对的。叙事人利用大脑的奖励系统来强化自己的故事。面对新奇的想法或经历时，我们会深入自己的故事库，也就是我们的情景记忆和语义记忆，试图找到能够解释它们的故事。

当我们在故事库里发现一些看起来相似或相关的事物时，会试图用这些旧事物来解释新事物。为新事物找到匹配项会触发奖励——得到多巴胺的刺激。神经学家罗伯特·伯顿（Robert Burton）[14]说："我们的解释是正确的这种令人愉悦的感觉，小到适度的熟悉感，大到无比强烈的'顿悟'感，是由大脑中的奖励系统生成的，酒精和赌博成瘾也是由这套系统生产的。"

我们的假设往往会自我强化。我们建立解释性联系的次数越多，对这些联系就越觉得有把握。伯顿解释说，这可以追溯到一个叫作赫布定律的概念。你可能听说过："在同一时间被激发的神经元之间的联系会被强化。"

当我们的叙事人用旧故事来解释新情况时，会加强突触连接，我们以此获得默认答案、条件反射解释和其他信手拈来的故事脚本。我们会把它们硬编码[⊖]到自己的神经网络里。

从某种程度上说，我们的故事是准确的，或者至少是对自己有利的，这是一件好事。它帮助我们在这个世界上快速而自信地行事，因为自己相信的大多数事情至少足以帮助我们做出正确的决定。

我们的故事几乎总是准确的，但是也有不准确的时候。我们很难认识到自己的想法是错误的，更不用说承认了。当我们的想法通常都很可靠时，自己很难发现它们把我们引向了错误的方向。

⊖　在计算机程序或文本编辑中，硬编码是指将可变变量用一个固定值来替代的方法。用这种方法编译后，如果以后需要更改此变量就非常困难了。——译者注

摆脱无益的故事

以我（梅根）为例，我花了数年时间来摆脱叙事人为自己编造的故事。生活一直站在我这边，帮助我质疑关于公开演讲的故事。首先，我的工作一直需要我做演讲。我不得不一步步走到麦克风前，无论从字面上理解还是从象征意义理解，都是如此。

当我远程（视频和播客）或面对面（舞台小组讨论和问答）与他人交谈时，我比以前更自信了。但我通常还是讨厌演讲和它带给我的感觉。有时候，演讲对我来说就像下地狱一样。

有时候，我能做的只能是强忍眼泪，像播放录音一样完成演讲。一想到要独自在台上讲话，我就觉得有生命危险。但我也知道，总会有独自上台的时候，我是躲不过去的。当然，这只是另一个故事，但它给我的感觉和那个演讲会让我没命的故事一样真实。

2018 年 6 月 16 日，在芝加哥奥黑尔国际机场美国航空的飞机上，这两个故事同时出现在我的脑海里。当时我刚刚按下发送键，向我的朋友米歇尔（Michele）发去一条我一生中最脆弱的短信，我止不住自己的眼泪。我向她承认，我充满恐惧，觉得有失脸面、软弱无助，而她恰好是一位出色的演讲教练。

我知道，如果不克服那种恐惧，直面命运，拥抱使命，我的人生之路只会越走越窄，我会被迫拒绝接踵而来的机会。我不想再这样下去。

"嗨，米歇尔。"那条信息以此开始，"我正在芝加哥奥黑尔国际机场准备回家，有件事我需要和你谈谈，因为我很确定你是这方面的专家。我需要公开发表演讲，但我告诉你一个秘密：我害怕得不行。"

"但是，是时候改变了。我需要帮助来克服这种恐惧，而不是把演讲搞砸，让情况变得更糟。我们能找个时间谈谈吗？我想你可能会有一些主意。谢谢你的倾听。除了乔尔，我从没跟任何人说起过这种恐惧。说实话，这对我来说是一个重大突破的时刻。"

当我发出这条信息时，眼泪顺着我的脸颊流了下来。我坐在原地哭泣，意识到在那一刻之前，我一直都在隐藏自己的恐惧，因为我为自己感到恐惧这件事情羞愧。毕竟，我是一名成功的高管，经营着一家做绩效培训的高速增长的公司，但在演讲方面，我自己没法做好或指导自己。

我厌倦了这种生活方式。我不知道该如何面对自己的恐惧，但我知道必须要去面对。即使我后悔了，也没有回头路可走。我的团队不允许我退缩。

他们不知道我的叙事人对我重重束缚，但是他们知道得让我发言。就在我给米歇尔发了那条信息后不久，我的团队就想出了一个疯狂的主意：在三个月后，举办一场名为"成就"的千人活动。他们想让我做主题演讲。

无论是通过亲身经历获得的还是从他人那里得知的，我们的假设都有局限性。当我们假设这个世界和自己所想、所见、所做、所遇到、所感觉、所品尝或所触摸的完全一样时，我们就局限于一个数据样本了。而且别忘了，我们显然不是万事通。

我们的故事受到大脑现有的神经连接的限制。[15] 我们仅凭亲身经历知道的一切，都会受到那些经历的限制。我们根据别人的经历所了解的一切，不仅会受到他们的经历的限制，同时还会受到我们自身局限性的影响。

我们的想法沿着自己以前熟悉的路径延伸。这有何不可呢？这些路径通常是正确的，或者至少是足够正确的，能产生合宜的且有时是惊人的结果。但有时我们的故事对自己根本没用，而其他更有用的故事可能会产生更好的结果。

坏消息是，除非我们质疑自己的假设，否则我们可能永远也不会发现那些更有用的故事。正如神经学家博·洛托（Beau Lotto）所说："如果你用错误的假设来解决一个问题，那么无论你是否知道自己离真相越来越远，你都只会在那个错误的假设里越陷越深。"[16]

　　这是个大问题，我们将在下一章探讨。我们的大脑会讲故事，帮助自己驾驭这个世界，实现自己的目标。如果我们基于靠不住的假设来讲述错误的故事，它们就会阻碍我们达成目标。

THREE

大脑在做的大工程

当妈妈看到孩子的袜子在地板上时，她会怎么做？作家詹妮弗·格里芬·格雷厄姆（Jennifer Griffin Graham）告诉过她的孩子很多次，要收拾好自己的东西。虽然她一次次唠叨和教导，地板上现在还是躺着一只粉白相间的袜子。

但当格雷厄姆弯腰捡起它时，她意识到自己被骗了！她聪明的儿子影印了一只袜子，剪下图像，放在地板上骗她。

"我的孩子发现任何东西都可以影印。"她说，"现在他用这个来捉弄我。"格雷厄姆最初把这件事分享在推特上，因为它很有趣，被新闻报道了出来。[1]

它是一只袜子吗？当然。它是一只袜子吗？不是。我们探讨叙事人试图帮助我们做什么的时候，这个例子就很有意义了。它让我们想起超现实主义画家勒内·马格里特（René Magritte）和他 1929 年的作品《形象的叛逆》，如图 3-1 所示。画上是一个烟斗，下方却写着一行法语 "Ceci n'est pas une pipe"，意思是 "这不是一个烟斗"。[2]

图 3-1

这幅画在当时引起了不小的轰动。你可以料想到人们会问："你说'这不是一个烟斗'是什么意思？不是烟斗还能是什么呢？"上流社会人士认为这是马格里特在质疑基本的现实。

但画上的配文说得很对。烟斗图和烟斗不是一回事。是的，它看起来像个烟斗，但你无法把烟草塞进画里，点燃它，再抽上几口。正如影印的袜子不是真正的袜子一样，画里的烟斗也不是真正的烟斗。我们的想法也是如此，关于一件事物的故事并不是事物本身，它只是代表了这个事物。

前文说过，我们的故事是根据自己的假设和目的构建起来的。这包括我们想要什么，追求什么，我们的向往和目标。叙事人利用我们对过去的记忆，帮助我们在当下做出行动，以得到自己在未来想要的结果。

博·洛托[3]说："'下一步是什么？'这一问题是人类存

在于世的根本。"我们生存和发展的能力取决于自己如何回答这个问题。这是大脑在做的大工程。

有了 1000 亿个神经元和数万亿个突触连接，我们所能表达的想法和情绪几乎是无穷无尽的。但它们的故事情节的形成不仅取决于假设，还取决于目标本身。

我们使用因果推理（参见第一章）和记忆（参见第二章）来创造关于这个世界的丰富而具体的故事，这样我们就知道如何成功地融入其中。在本章中，我们将探讨这些故事是如何结合在一起帮助自己实现目标的，以及它们有时候是如何让我们偏离轨道的。

注意想要的结果和实际情况之间的差距

我们的头脑往往会思考潜在可能和实际情况。例如，你想要的和你实际拥有的；你想去的地方和你实际所处的地方；你想成为谁和你现在是谁。

这两种状态之间的差距以及我们为缩小差距所做的努力，构成了我们生活的主要剧情。这就相当于武打片中的动作，爱情小说中的浪漫，以及侦探故事中谜团的破解。如果没有这种差距，就什么也不会发生。

生活的前进动力就是我们为缩小差距而付出的努力，生活的主要剧情是追求自己期望的结果。这不是我们的经验总和，也不是我们生活中最有价值的方面，却是我们成为这个星球上有生命、有思想的生物的基本条件。

那么如何才能缩小这种差距呢？从目前遇到的情况来看，想要摆脱困境或提升生活中的某个方面，我们需要专注于我们给自己讲述的关于所面临的障碍或机遇的故事。

我们在头脑中构建自己的世界。我们所知道的关于具体世界的一切都是通过自己的眼睛、耳朵、鼻子和其他感官形成，并在大脑中进行处理的。正如物理学家戴维·多伊奇（David Deutsch）所说："现实就存在于我们之外，它是客观有形的，独立于我们对它的看法的。但我们从未直接体验过现实。"[4]

实际情况是，我们的大脑通过感官接收信息，然后对其进行分类、标记和存储，并一直在自己经历过的、现在正在经历的和未来预期经历的事情之间寻找联系。[5]

这并不是说在我们之外不存在客观现实，只不过我们对现实的体验是主观的。

多伊奇将大脑的这种功能称为"虚拟现实生成器"。[6] 神经科学家有时称其为模拟。如果有人说我们生活在一个模拟世界，我们会笑着说这听起来很荒谬。的确很荒谬，但从狭义的技术角度来说，这么说没错，我们的大脑正在创造一个自己所存在的现实世界的模拟世界。[7]

　　大多数人可能更习惯于用想象的方式来思考。不管我们把头脑的这种能力叫作什么，我们的叙事人会用它来计划和预测自己行为的结果。如果我做 X，会实现 Y 吗？如图 3-2 所示。

客观现实　　　　你的大脑　　　　　你的故事
　　　　　（感官经历、文化、记忆、情绪）

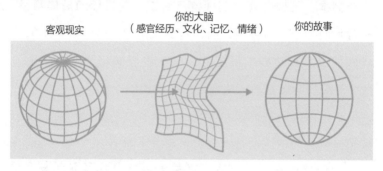

图 3-2

"最佳猜测"故事

　　剑桥大学心理学家肯尼斯·克雷克（Kenneth Craik）是最早意识到大脑中相互连接的神经元总在忙着模拟现实的人之一。他在 20 世纪 40 年代提出，我们的大脑在模拟现实，这样我们就可以对模拟出来的情况加以思考，并有意识或无意识地决定如何在现实中采取最佳行动。他写道："神经机制的基本特征是它能够与外部事件同时运行或模拟外部事件。"[8]

克雷克的理论如今被广为认可。我们讲述的故事就像是现实世界的叙事模型，在这模型中，我们可以运行不同的脚本，以预测未来的事件，这样我们就能在事件真正发生时有更好的表现。[9]

我们就像是自己的故事中的角色。我们一遍遍地起草下一个脚本，希望能找到实现自己所追求的目标的最佳路径。有时我们必须重写脚本，因为有那么多的故事情节并不能让我们如愿。有些脚本很糟糕，但让我们的角色在头脑中失败，然后去尝试其他的路径，总比在现实世界中失败要好。[10]

我们可以通过连接和重新连接个人经历库中的概念来尝试任何数量的不同的脚本和脚本组合。然后，你的大脑混合并匹配这些概念，找出对当下最有意义、对未来最有利的组合。

神经科学家盖伊尔吉·布萨基（György Buzsáki）说："在任何情境下，大脑总会做出'最佳猜测'，并测试它认为最合理的假设。每一种情境，新出现的也好，熟悉的也好，都可以与神经元状态相匹配，这是大脑最佳猜测的反映。它不由自主就会这么做。"[11]

我们的叙事人几乎可以处理任何事情。在我们谈论如何应对新的挑战或机会时，你可以感受到它的存在。当我们遇到 Z 的时候，叙事人会告诉我们："它就像 X 或 Y。"寻找与我们已知事物的联系，将有助于我们了解 Z。如果能找到联系，无论它多么微乎其微，我们都会去找，通常也会找到。

"对大脑来说，不存在未知。"布萨基说，"每座新的山，每条新的河，或每种新的情况，都会有熟悉的元素，反映出之前在类似场景下的经历，这就可以激活其中一条原先就存在的映射轨迹。"[12]

我们在未来能取得怎样的成功，取决于自己基于过去产生的最佳猜测故事如何以对自己有利的方式映射到当下的现实中。但需要强调的是，就像影印的袜子或画上的烟斗一样，我们的故事也只是现实的表象。

我们讲的关于现实的故事很像现实，但它们不是现实。它们是叙事人向我们呈现现实的一种尝试。换句话说，故事本身并不是事实，它们是由事实、我们的解释和因果关联构成的。

在第一章我们引用过朱迪亚·珀尔的观点：世界是由事实和我们用来理解事实的"错综复杂的因果关系网"构成的。他还提出，因果性的解释，而不是单纯的事实，构成了我们的大部分认知。[13]

我们的认知是事实和想象的组合，这并没有问题。事实上，这有很大的好处。例如，认知的这种特点为想象和随之而来的一切留下了空间。但当我们把自己的看法和预感误认为是现实时，问题就出现了。

大多数时候，我们的大脑在呈现现实方面做得不错。例如，大脑能够非常清晰地描绘出一棵树、一辆车或一个人的画面。但随着情况变得越来越复杂，大脑会越来越依赖猜测。也就是说，我们的大脑会填补感官无法直接捕捉到的空白。[14]

我们基于亲身经历获得的和从他人那里得知的一切来决定下一步要做什么。我们认为自己了解自己的想法，知道自己周围的世界正在发生什么，因为我们的大脑提供了一个看似合理的故事情节，也就是一个预测。但我们的大脑偶尔也会做出错误的预测。这通常发生在周围环境发生变化的时候。

想想开车吧。当你透过挡风玻璃，从左边的后视镜扫到右边的后视镜时，你以为自己看到了周围的一切。实际上，你的大脑通过被称为"扫视"的眼球运动获得了一系列图片，然后将它们拼接在一起，根据所处场景填补了没有捕捉到的空白。

这就解释了为什么你在停车标志前看了两边的后视镜，却仍然没看到驶来的摩托车。它小到可以嵌在你的大脑所捕捉到的图像之间。你的大脑只看到了它期望看到的东西，也就是最佳猜测。

你的想法有时来自别人告诉你的完全错误的故事。你的母亲让你读研究生，因为这样你肯定能找到好工作。你最好的朋友让你搬去纳什维尔，因为这样你才能拿到唱片合约。你的第一任老板告诉你，顾客永远是对的。但事实并非如此。

还有些想法来自曾经非常可靠的预测。以走人行道为例。大多数时候你都是无意识地这么做，你的大脑会记住你步幅的长度、鞋跟的高度、前进的速度。基于这些经验，它可以预测你的下一步。你甚至都不用低头去看你的脚，大脑会根据经验准确地告诉你下一脚应该落在哪里。这个故事到这里就结束了。

但你的大脑偶尔也会做出错误的预测，这通常发生在情况有变时。例如，你买了一双新鞋，鞋跟比以前高了一点；人行道上出现了一条新的裂缝；下雨了，地面是湿的。如果你正陷入沉思或步履匆忙，你的大脑可能没时间消化这些新信息，所以你摔了一跤。场景发生了变化，原先的故事就不再可靠了。

古代哲学家赫拉克利特说过："人不可能两次踏进同一条河流。"虽然河流看起来没有变化，但今天早上河里流的水已经不是昨天流过的那些了。当我们不愿意根据变化的场景来修正自己的想法时，我们就会得到一个不可靠的故事。

你所看到的或自认为看到的，你所知道的或自认为知道的，并不总是准确的。这就是我们的故事会出错的地方。

我们的认知是不完美的，这就解释了为什么目击者们对同一事件经常会有不同的描述。

说实话，这些预测错误（虽然通常不是灾难性的）经常发生。你的大脑在两个概念之间建立了关联，但理解却有误。

你的叙事人收集了你的感官告诉你的信息，经由你的经历、所在群体和想象的过滤，呈现给你一个故事，让你有十足的把握认为自己看到的是袜子或烟斗，但事实并非如此。它只是你的大脑做出的最佳猜测，它可能是影印图片，或是一幅画作。

当遇到诸如找车钥匙或过马路这样经常会发生的经历时，你的大脑会很好地反映现实。当试图解释更复杂的情况时，大脑可能会对事实做出大错特错的解释。想想当我们试图猜测别人的想法时会发生什么，如图 3-3 所示。

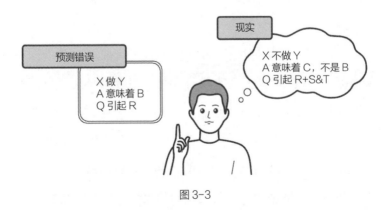

图 3-3

"读心术"的乐趣和好处

虽然没有人能拥有"读心术"，但我们通常可以根据面部表情、肢体语言、说话语调和其他迹象所提供的微妙线索，很好地猜测别人的想法。结合自己的过往经历，加上解释，我们就可以很好地了解别人在想什么了。

心理学家称这种猜测他人想法的能力为心智理论，甚至连婴幼儿都擅长于此。他们天生就有猜测他人心理状态、情绪甚至意图的能力。

当我们根据家庭成员或同事的措辞甚至沉默，来判断他们是否心烦意乱时，我们也在使用这种能力。我们可能会凭一些几乎没有意识到自己注意到的线索，例如，眼球的转动、嘴角上扬但眼神却冷漠等，就直觉地认为某人不值得信任。

我们还会在更复杂的情况下使用这种能力，例如，达成交易和谈判合同时，向老板提出项目创意时，将产品推向新的市场时，提供建议时，或领导团队时。我们不断猜测别人的想法，以及他们对其他人的想法会有什么想法。

我们大脑中的神经网络非常复杂，所以我们可以通过不同程度的社会分离来进一步拓展对这种能力的研究。事实上，科学家们已经发现，哺乳动物大脑新皮质的体积占大脑总体积的百分比与该哺乳动物的群体大小之间存在联系。[15]我们的大脑实际上是为在社会环境中进行这种复杂的推测性思维而设计的。

结婚、恋爱、找到工作、完成房屋销售、协商加薪或其他复杂的社会交往，都表明你的想象力与心智理论相关。这种关联对我们的生活有很大的帮助。

神经心理学家艾克纳恩·戈德堡（Elkhonon Goldberg）称心智理论是"社会互动的黏合剂"，他认为"缺乏'心智理论'的人在社会上处于巨大的劣势"。[16]我们可能会说他们的社交能力很差。准确来说，他们缺乏想象力这种非常有用的能力。事实上，一些学者认为，我们想象他人心理状态的能力是我们思考自己心理状态的基础。当我们问"我怎么看待他"时，我们本质上是在用自己的心思去揣摩别人的心思。[17]

然而，我们对他人想法的看法往往都是猜测。情况更复杂的时候，是层层猜测。我们猜测他人想法时，是基于我们认为的我们对其他人的想法的看法。有了这么多层的猜测，就很有可能得出错误的结论。

让事情更加复杂的是，我们基本上陷入了一种寻找原因的程序化模式。当我们不知道别人的想法时，我们就得编造一个理由。所以，我们通常会做出一些猜测，有时还会错得离谱。

- 他这么说是因为她想让我退出这个项目。
- 她经常和我说话，因为她觉得我是个有趣的人。
- 她想把我赶下马路！

我们可以推测他人的想法和意图，但推测不等于知道。我们的故事基于现实，但不是现实本身。这意味着它们很容易出错。有些故事来自我们的经历，也受限于我们的经历。另一些故事受他人影响或来自他人，所以受限于我们社交网络的大小。还有些故事是我们编造出来的。

这并不意味着我们的故事一定就是错误的，只意味着它们并不比我们的主观印象更准确。当预测未能实现时，我们会告诉自己"哇，最后一步真是太难了"，我们的大脑通常会很快适应。

它会返回概念库，并建立起不同的连接，寻找更有用的概念组合。[18] 当我们专注于一个目标时，这一点尤其重要。

目标创造故事情节

十七岁的休·赫尔（Hugh Herr）是攀岩界的天才。八岁时，他已经攀爬遍了加拿大阿尔伯塔省南部 11627 英尺高的坦普尔山。十几岁的时候，他第一次尝试攀爬纽约州奥尔巴尼附近的雄格姆山，这是从未有人做过的事情。

1982 年一月份，赫尔开始攀登华盛顿山，这是新罕布什尔州怀特山脉的最高峰，但这次攀登变成了灾难。

一场突如其来的暴风雪，让他在下山时迷了路，险些丧命。他冻伤了腿。外科医生几次尝试保住他的腿，但都失败了，无奈之下，医生为他做了膝盖以下的双腿截肢手术。"你再也不能攀岩了。"医生告诉他。[19]

你觉得赫尔会作何反应？

在回答之前，请记住，我们的故事不仅反映了自己过去的经历，也反映了自己未来的目标。"下一步是什么？"这个问题从来不是凭空出现的。我们的大脑中有一个目标，我们正在寻找实现它的最佳方式。

我们从来不会把下一步可能采取的所有行动都思考一遍。"下一步是什么？"这个问题有太多可能的答案，所以我们的叙事人通过创造一个情节来找到下一步，根据自己所追求的目标的来讲述故事。但这样肯定会产生一个结果。我们的大脑给自己讲述故事来帮自己实现目标，而这些目标反过来又塑造了我们大脑讲述的故事。

医生的故事包含了他对双腿截肢者的能力的假设，而这些假设是基于他多年的经验做出来的。除此之外，他的目标是帮助病人适应他所假设的新的现实。不出所料，医生的故事就是赫尔再也不能攀岩了。

但赫尔并不接受这个命运的判决。回到我们这一章开头关于袜子和烟斗的例子，赫尔察觉到袜子是影印的，烟斗是画出来的。"我梦想着重返我热爱的攀岩运动。"多年后他回忆道。[20]

这就是他的目标。但是没有双腿怎么攀岩？尽管在他的医生看来这是不可能的，可能对我们大多数人来说也是如此，但赫尔对此有一套不同的假设。他根据自己的经验意识到自己并不需要腿，只需要一种能抓住岩石攀登的方法。

传记作家艾莉森·奥修斯（Alison Osius）记录了赫尔令人大开眼界的心路历程：

> "我失去的是双腿，不是头脑。"赫尔认为，"我仍然拥有攀岩者的知识和思维模式。我仍然知道如何在坚硬的岩壁上摆出正确的姿势。我需要设备，需要能让我把我的现实世界与我能想到的一切联系起来的机械装置……我不是残疾人，我需要的是假肢技术。"[21]

赫尔的叙事人与医生的叙事人显然采用了不同的故事素材。赫尔下定决心要继续攀岩，于是他去了机械车间，给自己制作了特殊的假肢，用来攀爬垂直的冰雪岩壁。几个月后，他重新踏上了攀岩之路。

不同的假设和不同的目标构成了不同的故事，采用的策略和最后的结果也因此不同。赫尔不仅能继续攀岩，而且还比以前攀登得更高更快。

他的金属假肢不会感到寒冷，也不会有酸痛感，他设计的"脚"更适合岩石的小缝隙。他的体重也轻了十多磅。事故发生一年后，也就是1983年的春天，赫尔不可思议的复出令他登上了《户外》（Outside）杂志的封面。[22]

如果休·赫尔真的可以继续攀岩，为什么他的医疗团队认为这是不可能的呢？他只是比那些治疗他的人更坚定、更大胆、更勇敢吗？可能不是。但他确实有不同的目标，并且没有被医生的假设所束缚。

面对看似不可能的情况，赫尔并没有认同双腿截肢者不能攀岩这一常识性认知，相反，他思考的是另一个问题：双腿截肢者攀岩需要什么？

赫尔的故事告诉我们一个关键事实：有时自己的目标能让自己想象出对自己更积极有用的且更好的故事。当我们致力于某个目标时，可以重新组合那些自己可以支配的想法，形成有利于实现目标的故事。

我们一直都在这么做，但可能并不是有意为之。几乎没什么事情能按照自己设想的那样运作，我们会进行调整。有时这种调整需要我们重新思考问题。根据我们给自己讲述的关于现实的故事，我们可以创造一个不同的现实。

创造一个不同的现实

我们的大脑每天都在建立关联，塑造故事，为自己的经历赋予意义。我们用这些故事来指导每一项活动，从挑选午餐地点（"他们的墨西哥卷饼是附近最好的"）到与客户谈判（"争取成交，她有购买意向"），再到预测我们是否会喜欢一部电影（"这个导演从不会让人失望"）。

大多数时候，我们的想法能很好地诠释现实。如果你正在阅读这本书，我们敢打赌，你已经相当准确地了解了自己在这个世界所处的特定位置，也很清楚如何能取得成功。

但事实并非总是如此。我们时常会遇到自己的故事没有按预期的方式起作用的情况。我们的大脑发现那些墨西哥卷饼不够诱人；与我们的预期不同，客户可能会变得冷淡，不再回复邮件；每个导演都至少有一部让人失望的作品。

叙事人可以是一个有用的向导，但它并不是万无一失的。我们认为地板上是一只真的袜子，然后，更糟的是，我们会对孩子吼叫训斥。我们认为那幅画真的是一个烟斗，然后会将它点燃。然后会发生什么？

我们能否从这类错误中回过神来，并在未来取得更好的结果，完全取决于自己是否愿意重新审视自己对所处情境的理解，使其更完整、更准确，对我们更有帮助。我们必须检视叙事人，这是三步法流程中的下一步。好消息是，我们不会被自己的故事困住，即使是那些多年来一直坚信不疑的故事。当我们的假设在现实世界中受到考验时，自己会学习和成长。这样我们就能对现实有更清晰的认识，学会讲更好的故事，并取得过去不敢想象的结果。

构想各种故事的能力很大程度上决定了我们经验范围的大小。这是为什么呢？因为我们所掌握的故事驱动着自己追求目标的策略。想象更佳状态的能力是推动人类进步、取得成就和走向繁荣的动力。当我们陷入困境或停滞时，重新构想故事的能力使自己能够改善当前的生活，在工作中更有成效，管理好自己的健康，成为更好的配偶、朋友、父母，等等。

这种想象是叙事人用我们大脑中的神经元编制出来的故事的产物。这就是攀上高峰和降低期望之间的区别。

赫尔的医生无法想象他的病人可以再次攀岩，但是赫尔能够想象，所以他做到了。我（梅根）走上演讲台发表主旨演讲的例子比不上赫尔没有双腿也能攀岩的例子，没那么令人印象深刻，但演讲台对我来说就是需要征服的那座山峰，我做到了。

稍后我会分享更多关于这个征服过程的细节，但现在我要说的是，我的朋友米歇尔不仅回复了我的信息，还提供了帮助。如果你了解米歇尔，你就不会对此感到惊讶。她总是和蔼可亲，乐于助人。

但如果你了解米歇尔的故事，你可能也会意识到，她也有自己的山峰要征服。她的故事可以完美解释当叙事人把我们引入歧途时，我们需要采取什么行动来检视它。我们将在下一部分探讨检视的过程。

┤ 行　动 ├

回到你之前在（从 fullfocus.co/ self-coacher 网站下载的）"Full Focus 自我教练"文档中写下的问题或机会。现在请写下关于这个问题或机会，你给自己讲述了怎样的故事。

到目前为止我们了解到了什么

▶ 神经元会讲述故事，而这些故事决定了我们能在多大程度上成功实现目标。

▶ 我们的叙事人的工作是解释所有生活经历的原始数据，并以一种点对点连接的方式反馈给自己。

▶ 我们知道大量的事实，但其中很多都不是事实，而是解释所有这些事实是如何关联在一起的因果推论。

▶ 我们仅凭亲身经历知道的一切，都会受到那些经历的限制。我们根据别人的经历所了解的一切，不仅会受到他们的经历的限制，同时还会受到我们自身局限性的影响。

▶ 我们的认知是事实和想象的组合。但当我们把自己的看法和预感误认为是现实时，问题就出现了。

▶ 根据我们给自己讲述的关于现实的故事，我们可以创造一个不同的现实。

▶ 当我们陷入困境或停滞时，重新构想故事的能力使我们能够改善自己的生活，在工作中更有成效，管理好自己的健康，成为更好的配偶、朋友、父母，等等。

第二部分

检视

质疑你的叙事人

FOUR

第四章

区分事实与虚构

我们的朋友米歇尔·库沙特（Michele Cushatt）原来是一名注册护士，但她后来对公开演讲产生了兴趣。她凭借自己清晰、欢快的声音、有魅力的个性和完美的演讲风格，很快就成为一名备受欢迎的励志演说家。她凭借演讲技巧和沟通专家的声誉，发展出了第二职业——演讲教练。

她的客户包括顶级名流、体育明星和音乐家。十年来，她一直处于职业生涯的巅峰，指导那些在全国性舞台上对着大量观众演讲的客户。与此同时，从现场活动到播客，再到电视节目，她自己的演讲平台也在不断拓展。

然而，几乎在一夜之间，她的声音消失了。

米歇尔在五年内接受了三次舌鳞状细胞癌的治疗，其中一次手术切除了超过 2/3 的舌头，她还经历了多次皮肤、组织和血管移植手术。她有一个多月都发不出声音。

当她又能发声时，声音已经和以前大不相同，她那音调优美的女高音变成了沙哑的女低音。因为不适应再造的舌头的形状，她说话有点含糊不清。当她尝试复出，与我（迈克尔）一起主持播客时，听众的评论都是负面的，甚至到了无礼的地步。

"人们说了最可怕的话！"米歇尔回忆说，"'我听不下去了，太难听了'，或者'你为什么不去看牙医，把假牙修好呢'，或者'你应该找个演讲教练'。"还有人说她可能有精神障碍。

"就在那时，我突然意识到，我的整个人生故事都改变了。"米歇尔说，"我认为自己是演讲领域的专家，认为自己知道怎样能进行良好的沟通。我也知道再也不会拥有那种可以让我成为伟大演说家的温暖而有力的嗓音了。"

这一认知引发了她长达一年的自我怀疑：

我是谁？

我需要转行吗？

我能以演讲教练、顾问或演讲者的身份谋生吗？

她说："这些问题，连同身体上的损失，以及为了解答这些问题而付出的情感和体力，都是非同一般的。"

当我们关于自己是谁或世界是什么样子的故事与现实不再相符时，结果可能是毁灭性的。当我们的想法服务于自己的目的，帮助自己驾驭生活时，它们是有用的。我们的成功甚至我们的生存，取决于自己的故事在多大程度上与自己所面对的现实吻合。

这很棘手，因为我们的故事没有一个是百分之百准确的。正如我们所见，我们通常会不假思索就有了故事。而这些故事是由我们的假设和目的塑造的，我们注意不到那些与情节不符的细节，或者不会把它们放进故事。

虽然叙事人通常是善意的，但并不是全知全能的，而是受限的。有时候，这些限制会让我们在生活的道路边抛锚，或者因为无法走得更远、更快而感到沮丧。

我（梅根）和乔尔花了好几年的时间才找到帮助我们孩子的正确方法。这是为什么呢？挑战之一是找到治疗方法和能够提供帮助的治疗师，但另一个挑战是我们要放弃很多关于育儿的假设。

我们的策略行不通，那是因为自己的故事不靠谱。

每当我们陷入困境或停滞不前，就需要审视自己的故事。在这一章中，我们将学习如何检视叙事人，还会探索如何检验我们的故事，并将事实与虚构区分开来，以便更好、更有帮助地了解事实。

怎么做呢？第一步是确定事实。接下来，要确定我们是否知道这些事实是如何正确地关联在一起的。我们需要确保没有遗漏任何重要的细节。另外，作为一个可选步骤，我们会发现，将自己的想法表达出来并解释给别人听是有帮助的。

但在开始之前，我们得先回到伊甸园的故事。

请注意，只要事实

我们在第一章讲过，认知科学家朱迪亚·珀尔注意到亚当和夏娃躲在伊甸园里的故事很有趣：上帝问的是什么，而两个人回答的是为什么。也就是说，他们并没有提供原始数据，而是提供了解释，就像迈克尔·加扎尼加的裂脑病人 P.S. 一样。

我们都会不由自主地那么做。所以检视我们的故事时，第一步是厘清事实。首先要把是什么和为什么分开。

好消息是：在你构思你的故事时你已经开始了这一步。在你明确表达出对自己处境的看法时，你的用词就可以拿来分析了。你可以这么问：这个故事的事实是什么？我们所说的事实是指那些可证实为真的概念，是客观现实、原始数据。

并非所有呈现为真实的东西都是可靠的。在克丽丝塔·蒂皮特（Krista Tippett）的播客中，做客嘉宾玛丽·卡尔（Mary Karr）向蒂皮特提到了这一点。卡尔的童年没人管教，充满创伤，她因此学会了一些无益的应对策略。其中之一是喝酒。

戒酒后，她找到了一位能帮她学会用不同的方式去应对问题的导师。当她说出一些让她烦恼或害怕的事情时，导师会问："你的信息来源是什么？"

卡尔说："99% 的情况下，我的回答都是'我想出来的'。"[1] 我们的信息来源也是这样。记住这一点：我们的大脑需要有一个答案，当自己没有答案时，不管有没有根据，自己都会尽量给出一个。

这个信息是在现实世界中真实存在的，还是只存在于你的脑海中？这个问题关乎的不是你是否清醒，而是你所面对的是事实还是仅仅是你对事实的假设。

并非所有的想法都是事实。实际上，我们所确信的大部分东西都不是原始数据。就像珀尔说的，我们的很多认知都是解释性的，就像黏合剂，将这些数据都联系起来。我们需要把它们扯开，确保有足够长的时间来审视每个想法的真实性。

你要寻找的是客观、实际、真实、观察得到的和确定的东西。我们指的是真实存在的事物和实际发生的事件，它们是可验证的，如果有需要，你能够证实。

当你这样做时，请注意：大量的想法会伪装成事实。比如推测，它不能等同于事实，只是你在试图围绕两个事实之间的因果关系来创造意义，如图 4-1 所示。

情绪是另一种需要抛开的东西。尽管它们对你来说是真实的，但它们并不代表客观现实。每一种情绪都可以与某个

图4-1

原因联系起来。我很生气，因为她对我很无礼。我很开心，因为今天是我的生日。

根据神经学家莉莎·费德曼·巴瑞特（Lisa Feldman Barrett）的说法，情绪主要是我们给身体的感受贴上的标签。我们可以默认将身体的这些信号理解为负面情绪（例如，恐惧或焦虑）。但是，通过观察和感受，我们也可以选择用其他方式来解释它们（例如，激动兴奋或有所准备）。身体的感觉是一回事，它的意义又是另一回事。[2]

情绪不是事实，而是你对事实的感觉。它是解读，是故事。

结论也是如此。它们是我们对事实的意义的判断，所以结论也是故事。结论有可能被严格地评估并被验证为事实，例如，马斯塔德上校、在图书馆、拿着烛台。但现在，我们先来关注单个的细节。

有时候弄清事实很难，但这是绝对必要的。正如心理学家卡尔·罗杰斯（Carl Rogers）所说："事实是友好的。"[3]即使它们讲了一个你不想听的故事。没有事实，你就会接受错误的故事。

在审视自己的想法时，你经常需要质疑自己的经历。我真的看到了我以为自己看到的吗？我有多确定她真的是这么说的？我紧张吗？疲劳吗？兴奋吗？有没有可能是我弄错了？

当你思量这些事实时，要警惕数据限制和确认偏误。你要做的是把相关事实从无关事实中分离出来。人们很容易把事实整理成一个正面积极的故事。但正确的做法是，在总结你的结论前，把事实都摆到台面上来。

粗略的数据和草率的结论

当藜麦这种印加谷物进入公众视线时，它被誉为一种神奇的食物，那些患有诸如麸质不耐症等饮食疾病的人尤其这么认为。不久，这种主要由安第斯农民食用的鲜为人知的食品，在富裕的西方世界变得流行起来。

藜麦的价格自然随着需求的增加有所上涨。几年之内，藜麦的价格涨了两倍。此外，研究人员还注意到最初食用藜麦的人，也就是种植者们的消费量却奇怪地出现了下降。

这件事情曝光后，媒体就对此大做文章。《卫报》甚至用了这样一个带有指责性的标题："素食主义者知道藜麦的真相后还吃得下去吗？"[4] 文章断言，对于贫穷的秘鲁人和玻利维亚人来说，现在吃"进口垃圾食品"比吃自家土地出产的粮食还便宜。

但是秘鲁和玻利维亚的藜麦价格上涨只是故事的一半。事实证明，许多人都在享受他们种植的藜麦带来的额外收入，并开始吃些别的东西来换换口味。他们非但没有因为全球的藜麦消费而挨饿，增加的利润反而使他们在饮食上有了更多的选择。[5]

当我们注意到两个概念同时出现，想将其中一个标记为另一个的原因时，必须谨慎。"我们往往基于相关证据做出错误解释，其最常见的原因是忽略了隐藏的共同因素。"盖伊尔吉·布萨基[6]说。可能还有其他因素在起作用。

太阳镜和冰淇淋的销量同时增长。但我们不能得出结论说它们之间有因果关系，特别是在溺水死亡率和他杀率也同时在上升的情况下。其中一个事件不会引发其他任何一个事件，但有一个共同因素与所有事件都相关，那就是天气。

对于一个问题来说，我们不确信的部分可能和自己确信的部分一样重要。我们的大脑一直在工作，将自己经历的点点滴滴联系在一起。为了快速产生意义，它会填补空白并省略一些内容。我们认为自己能确定是 X 导致 Y，但事实证明是 X+A 导致了 Y。

我们可能会认为自己的孩子讨厌家庭作业是因为他喜欢电子游戏。这有可能，但是他会不会也有学习障碍问题呢？我们认为同事被提拔是因为他是老板的宠儿。这有可能，但他会不会也有更高的客户满意度呢？

不管我们脑子里的故事是怎样的，重要的是要问一问：基于现有的证据，我们对这一点真的确信吗？这个疑问将我们的注意力集中在关联和结论上。某个特定的故事站得住脚，还是漏洞百出？

我们不可能了解任何概念或任何问题的方方面面，有时这种理解上的缺漏是巨大的。记者迈克尔·布拉斯兰德（Michael Blastland）称之为"隐藏的那一半真相"[7]。

我们的头脑渴望确定性，但在一个信息有限的世界里，确定性是很难获得的。我们几乎总是在信息不完整的情况下根据概率做出决策。

并不完善的隐喻

我们可以看到，在信息不完整的情况下，我们会使用一种你可能完全没有意识到的表达方式——隐喻。

隐喻对你的思想和行为有很大的影响。

它们像闪电般交流想法，迅速将一件事与另一件事等同起来。这就是它们的工作方式，借用一个概念的含义来照亮另一个概念。它们以这种方式将概念联系起来，让我们的思维在理解的时候可以跳跃。

这是一种我们一直都在使用的宝贵能力。你可以注意一下，在试着向别人解释任意话题的时候，你用了多少隐喻。在上一段中我们就用到了好几次——闪电、借用、照亮、跳跃。

作家詹姆斯·吉尔里（James Geary）在关于语言使用的若干研究报告中说："我们每说 10~25 个单词就会使用一个隐喻，或者每说 1 分钟的话就会使用 6 个隐喻。"[8] 隐喻是捷径，而我们的大脑喜欢捷径。如果没有这种在观念之间建立联系的简便方法，我们可能每天要花几个小时向自己和他人解释现实。

我们需要隐喻和它们提供的故事。事实上，隐喻可以帮助你以不同的方式理解问题，并帮助你创造性地得出新的结论。但它们也可能会导致你对眼前的情况产生误解。

隐喻也有局限性。当我们全心使用一个隐喻时，会开始只基于对这个隐喻的理解来看待眼前的事物。"反过来，这又会加强隐喻的力量，使先后经验关联起来，"乔治·莱考夫（George Lakoff）和马克·约翰逊（Mark Johnson）在他们的《我们赖以生存的隐喻》（*Metaphors We Live By*）一书中写道，"从这个意义上说，隐喻可以成为自我实现的预言。"[9]

不管脑子里的故事是怎样的，重要的是要问一问：基于现有的证据，我们对这一点真的确信吗？

如果我们说 X 像 Y，我们可能没有注意到，把它看成像 Z 会对自己更有利。但我们只会看到用 Y 来表示的 X，Y 会成为一种思维定势，我们会因此采取无益于事的老套策略。

有时候，隐喻的一小部分确实有用，但受它所限，我们看不到正在发生的事情的全貌。例如，一旦我们认定校长助理是"一头真正的熊"，我们就不会再考虑如何与他交往，而会干脆避开他。一旦你把杰夫定义为"坚如磐石"，你就会给他一大堆艰巨的任务，而看不到他已经不堪重负了。如果莫妮卡是一台"销售机器"，你会期待她的成交率一如既往地高，即使这个月还有其他因素在起作用，可能会带来不同的结果。你所知道的那一点东西，会阻止你去学习那些你不知道但为了成功你需要知道的东西。

当你检视一个故事的时候，将隐喻剥离是至关重要的，这样你才能清楚地看到概念。当你审视自己的想法时，密切注意你使用的隐喻，不管是积极的还是消极的。说出你用这个隐喻表达的意思；也就是说，为什么你认为它是一个恰当的隐喻。问问自己："真的是这样吗？"然后在不用隐喻的情况下重塑这个故事。这样你就能更清楚地了解故事。

语言陷阱

除了在不用隐喻的情况下重塑故事之外，检视和讲清你的故事还需要注意自己所使用的语言。目前在用的英语词汇大约有 170 000 个，这让你在选择特定的单词或短语来表达想法时有很大的自由度。

因此，你选择的词语是有意义的。它们不仅传达了事件的真实情况，也传达了你为这个事件塑造的故事。例如，"请坐。""请你坐下好吗？""找个座位。"还有"坐下！"它们都传达着同样的命令，但每个都能讲出不同的故事。

我们选择的词语和讲述的故事之间是一种双向关系。我们选择的词语会影响自己的故事。当使用否定的、贬损的或消极的词语时，我们强化了关于自己和所处情境的相应故事。因此，语言可以塑造我们讲述的故事，既可以限制它们，也可以让它们自由变化。

我（迈克尔）开始注意到这一点是在一个特别繁忙的出差季。当我准备出发去参加一个演讲活动时，我感到有点疲倦，想到又要坐飞机出差就暗自害怕。一个朋友打电话问我要去哪里。我说："去圣何塞，我得在一个大会上演讲。"就在我说出这句话的时候，我注意到了自己声音里的无奈。

挂电话的那一刻，我突然醒悟了。不是我不得不去演讲，是我想要去演讲。我把这个想法深入了一些。我选择了这一行；我选择了接受这个邀请；许多人没有酬劳也愿意做这件事，甚至愿意为这个机会付费，但主办方付钱邀请我去。我对自己说的这两分钟鼓舞人心的话听起来简单，却极大地改变了我的态度。

消极的语言是错误故事的早期预警信号。注意你选择的词语和它们背后的情感基调。有时候感觉嘴巴不由自己控制，会习惯性地说出一些话来。所以，你必须刻意注意自己的想法，追溯它们的源头，检视它们，然后重新构想，讲出一个更积极的故事。

从小事做起。例如，开始使用"想要做"而不是"不得不做"，这可能需要一些练习和毅力。然后注意到它给你的态度带来的差异。首先，它会突然让你心存感激。与其害怕或怨恨一项活动，不如对它心存感激。你表达的感激之情越多，你的感受和表现就越好。

你有能力通过选择更积极有用的语言来影响自己的情绪、想法和结果。不过有时候，你用了积极的语言，但是你的故事背景发生了变化，问题也还是会出现。

当细节改变时

美国人绘制的第一张美国地图完成于 1784 年，出自阿贝尔·布尔（Abel Buell）之手。他是个雕刻师，不是地图绘制员。这张地图不是基于测量数据，而是基于其他地图绘制出来的。这意味着它两次脱离了真实世界的河流、山脉和海岸线。

不出所料，这张地图有一些明显的错误。然而，布尔的地图与之前的地图相比有了很大的改进之处。它包括了新加入联邦的各州的政治边界，在那个长途出行还是靠水路而不是陆路的时代，布尔的地图更好地描绘出了几条主要水系以及它们之间是怎么连通的。

在一段时期内，这张地图为出行带来了很大的帮助。然而，放到今天，这张地图对于旅行或了解各州的地理边界都毫无用处。因为自1784年以来，情况有了很大的变化。

就像布尔的地图一样，我们的想法在某个时间和地点可能是正确有用的，但在另一个时间和地点可能就不是这样了。地图反映出绘制它们要达到的目标或目的，我们的故事也是这样。地形图、道路图和天气图以截然不同的方式呈现同一个区域。哪个是正确的？这取决于你当下在做什么。

如果想了解地形以便徒步旅行，你可以用地形图。如果想开车去某处，你需要路线图。如果你想决定当天穿什么衣服，天气图就是你最好的选择。如果你照着一张天气图开车去加州，你可能会认为这是张糟糕的地图，即使它非常准确。

正如我们所见，故事也是如此。我们的目的塑造了自己的故事。这意味着，如果我们的目标与我们给自己讲述的故事不再一致，就会遇到问题。你对事业的期望发生了什么变化？对职业、对人际关系的期望发生了什么变化？你的故事需要如何根据所处情境的变化而改变?

当我们试图把某个情境下形成的现成"真理"和"最佳做法"应用于另一个情境时,尤其要当心。

一旦有了一个可行的想法,我们通常会希望它具有普遍性和可迁移性。如果它成功过一次,我们会希望它还会成功第二次。如果它在这里是奏效的,我们希望它在那里也奏效。

这就是鼓吹"原则"或"定律"的价值的书籍大受欢迎的原因。它们通常都是基于在商业、教练、体育或其他领域取得巨大成功的一些人的专业知识写成的。这些人将自己的经验提炼成一系列对他们自己有效的原则。

这些原则通常也适用于处于类似情境的其他人。但是情境如果有诸多不同,这些原则便会失效。作为儿童积木制造商标杆的乐高,为我们提供了一个案例。

一代又一代的孩子都是玩乐高积木长大的,包括我家的孩子。但到了 20 世纪 90 年代末,由于电子游戏的竞争,乐高陷入了困境。它要如何改变故事,才能重新抓住其核心受众,并扭转不利局面?

为了走出困境,公司聘请了鲍尔·普劳格曼(Poul Plougmann),一位在电子行业有着丰富经验的企业转型专家。这位被誉为"创造奇迹的人"的专家在七项"创新原则"的基础上实施了一个大胆的策略。

这些原则，包括"面向蓝海市场"和"实践颠覆性创新"，这听起来确实不错。它们为宝洁、西南航空和佳能等公司创造了奇迹。普劳格曼建议领导层，要让乐高超越麦当劳和可口可乐，成为"世界上最受有孩子的家庭欢迎的品牌。"[10]

这一策略的实施结果简直是一场灾难。为了让品牌更具创新性，乐高放弃了自己的核心客户——喜欢搭建东西的孩子，转而去吸引那些不喜欢搭建东西的孩子。

幸运的是，乐高从错误中恢复了过来，通过重新专注于核心产品，在设计中接受客户的意见，以及简化生产流程等，重整旗鼓。

乐高的故事并不能证明这七项原则是错误的，只能证明它们在特定的情境下表现不佳。在西雅图有效的方法在坦帕未必行得通。一个有助于引领建筑行业的故事，用在服务行业却可能完全无效。当我们把自己的故事提炼成原则、规则或定律时，我们应该意识到它们可能不具有普适性。[11]

下面是一些随机的情境因素，它们可能会不时发生变化。当变化发生时，你的故事可能会不如以前那么准确：

- 人口统计数据
- 人员配置
- 未婚
- 生活方式
- 客户群
- 竞争对手
- 教育
- 人生阶段
- 地点
- 季节
- 当日时间

- 经济表现
- 出生
- 结婚
- 离婚
- 死亡
- 选举周期
- 法规
- 税收制度
- 天气
- 健康

这个列表并不详尽。我们相信你自己可以想象到其他可能发生变化并从根本上改变结果的情境因素。正如布拉斯兰德所说："即使我们认为自己已经掌握了 99% 的重要内容，我们也可能会得到一个 100% 错误的结果。"[12] 一个浮动变量就能改变我们的结果。

展示你的工作成果

与普遍观念相反，科学从本质上说是主观的。这是什么意思呢？科学事业依赖于科学家们的直觉、预感、偏见和猜测，而科学家们在做着没有回报承诺的艰苦实验时，不得不相信自己想法中的这些未经证实的部分。

通常，科学家们之所以会不辞辛苦地收集实验数据，唯一的原因是他们相信某些事情非真即假，只是到目前为止还没有足够的证据来下结论，他们决心证明这一点。

然而在其他方面，科学是非常客观的。是什么造成了这种主客观差异呢？

实验室里的科学家是在主观思维世界里工作的，在这个世界里他们要处理的是更具尝试性的思维过程。他们提出假设，这些假设有时是基于直觉提出来的，可能准确，也可能不准确。

但是当需要在公共场合提出假设的时候，他们就必须用客观的语言来陈述，否则无法说服大家。所以，科学有私人主观的方面，也有公共客观的方面。[13]

问题是，我们有时会迷失在主观世界里，也就是迷失在自己的想法、直觉和假设中。这时候，我们很容易在概念间建立起实际上并不存在的联系。我们会把故事中的点点滴滴串起来，让自己在逻辑上可以跳跃。

正如在第三章提到的，当我们让目标来塑造自己的故事时，就会出现这样的错误。当我们专注于一个特定的结果时，可能会错过能够改变故事的关键信息。研究人员称这种错误为认知偏差。

举一个夫妻双方在家庭预算上发生冲突的例子。他们的预算金额是一样的，但各自有不同的开支目标，因此在什么是"合理"支出上就会存在分歧。在商业、政治或任何其他情境下也是如此。我们可能看到的是同样一组事实，却可能会编出不同的故事。我们的愿望影响着自己衡量和诠释证据的方式。

当我们下意识地寻找能支撑自己结论的证据，或更偏重这类证据时，也会有逻辑上的跳跃。研究人员称之为确认偏误。人们总是倾向于选择那些能证实我们先前得出的结论的数据，而忽略其他数据。

为了防止得出错误的结论，科学家们仔细记录下他们的研究方法，然后通过发表论文的方式将研究结果提交给他人审查。换句话说，他们要将自己的工作成果展示出来。所以，检视一个故事的方法之一是请其他人来审查它。

当你"展示你的工作成果"，向别人解释为什么你认为自己的成果无误时，就从主观转向了客观，因为你必须证明你是如何得出结论的。

这么做还有额外的价值，就是你还可以更好地了解自己的故事。向别人解释你的观点会迫使你用自己不会用到的方式去思考。你能接受自己的大脑在逻辑上的跳跃，但别人可能没法接受。对你来说显而易见的东西对他们来说可能并不明显。这样，可能存在的逻辑缺陷、潜在假设和偏见就暴露出来了。

这里有一些问题可以帮助你评估自己或他人的故事的逻辑：

- 假设是什么？

- 目的和最终目标是什么？

- 我希望哪些是真的？

- 我是否客观？

- 公正的观察者会怎么说？

- 我们是如何得出这个结论的？

- 这是可证实的吗？你会怎么验证呢？

- 我们能从现有的事实中得出这一结论吗？

剔除糟糕的故事

当我（迈克尔）的教练质疑我关于未达到计划的解释时，她帮我检视了我的故事。让我们来看看她是怎么做的。

首先，她承认我有一些事实支持，例如，零售流量、油价等。但她立即将这些事实在现实中和我想象中对于结果的重要性进行了比对。

在我的故事里，它们具有决定性的作用。在她的再现过程中，它们是"因素"，也就是说，它们是对结果有影响的细节，但它们本身并不对结果负责。换句话说，她让我明白了，我的 X 并没有引起 Y。

然后，为了说明这一点，她提醒我，我们总是面临着与那些相同或相似的因素。"说实话，"她说，"环境一直都艰难，不是吗？"

当时我觉得自己是如实说明情况，现在回想起来有点好笑。我在欺骗自己，她知道我在某种程度上愿意被欺骗。我们在第二章的开头提到了原因——我试图在董事会上保持自己的形象。我不想让他们怀疑我的领导能力。

我的教练接下去说的重点就是领导能力。我掌握了一些事实，但我误解了它们之间的联系。她抛出了一个像重磅炸弹一样的问题，指出我还漏掉了一个关键的细节："会不会是你的领导能力导致了这个结果？"

让我们重写公式：X+ 我的领导能力 =Y。对我的故事的检视拆穿了我上个月未达到计划的借口，但同时也让我重新振作起来，找回了能够改变下个月结果的能力。我对外部环境无能为力，但我可以发挥自己的领导才能。

我的教练通过向我展示缺失的真相，帮我摆脱了一个消极的故事，让我做了些不一样的尝试。真相会给你自由。

米歇尔的例子也是如此。我（梅根）之所以能够和米歇尔一起克服公开演讲方面的能力欠缺，是因为米歇尔有类似的经历，她曾在癌症康复后成功地检视了她的故事。像休·赫尔一样，米歇尔也不愿意接受她的处境带给她的故事。

我们询问了她的变化历程。她说："我列出了我认为成为一名优秀沟通者需要的所有因素，包括音质、良好的措辞等。然后我问自己：'这样说准确吗？这些就是良好沟通的要素吗？'"她这是在确定事实。

"我顺着列表往下看。"她继续说，"一项接一项，我的回答都是'不'。要成为一个优秀的沟通者，并不需要完美的音质或发音。我认为自己是一个伟大的演讲者，这并不取决于列表上的这些因素。优秀的沟通者需要有同情心、诚实、有洞察力、有激情。而我仍然是这样的人。我仍然是沟通专家。"

米歇尔的基本方法是我们在检视自己的故事时都可以遵循的。她陈述了她的真实情况。她对自己是否掌握了所有的事实，以及这些事实之间的联系提出了质疑，并在此基础上确定自己的故事是否准确。

　　这成为她人生的转折点。她一开始对于成为沟通专家需要的因素理解得不够充分。这种有缺陷的思维导致了一个错误的观点："我作为沟通专家的职业生涯结束了。"通过严格检视自己的故事，米歇尔为改变奠定了基础。

FIVE

第五章

直觉有好处也有坏处

那位赛车手是怎么知道当时该刹车的呢？当他的 F1 赛车接近转弯处时，他用力踩下了刹车踏板。通常情况下，他会快速通过，不会减速。

但这一次，他及时放慢了速度，避免了一头扎进前面连环相撞的赛车中，而撞车点其实在他转弯前的视线盲区内。那一瞬间的行动可能救了他的命，也救了他的赛车。但后来被问及此事时，他无法解释当时为什么会踩刹车。他只知道自己有一种想停下来的强烈冲动，这种冲动甚至比他想赢得比赛的欲望还要强烈。

后来有个心理学家团队对他进行了研究，给他看了比赛的录像，让他能够真实地重温那一刻。直到那时，他才意识到自己为什么会停下来。那些通常会看着他驶过弯道的人群，在那一刻却呆若木鸡地望着另一边。他们目睹了转弯处发生的车祸，视线无法从一辆接着一辆赛车撞成残骸的恐怖场景中移开。

有个细节不对头——观众的目光看向了错误的方向。这就是潜意识触发赛车手刹车冲动的原因。

"他不是有意识地做出反应的。"利兹大学商学院教授杰拉德·霍奇金森（Gerard Hodgkinson）在谈到这一事件时说，"但他知道事情不对劲，并及时刹了车。"直觉保护他免于伤害，甚至可能是免于死亡。[1]

在我（迈克尔）担任托马斯－尼尔森出版公司的首席执行官时，我们每年要花费 50 万美元参加一个年度贸易展。这是一件大事。但有一天我突然意识到：我们每年都毫无异议地参加展会，一次又一次地投入资金，却没有停下来问问自己这么做是不是最好地利用了我们的资源。每个人都认为这是一项必不可少的开支。毕竟，我们的主要合作伙伴和供应商都会出席，竞争对手也会出席。

但我想知道：这真的是必要的吗？任何时候有人说这件事或那件事"必须是"怎样的时候，很可能并不符合实情。很少有一成不变的东西，当我们说有些东西是一成不变的时候，通常是叙事人编造了一个错误的故事。即使有些东西是有形且具体的，我们和周围的人看到的角度也可能是不同的。

一旦重新考虑参加贸易展这件事情，我对它是必不可少的开支这一假设便产生了怀疑。我让财务团队帮我查了数据，然后让利益相关者解释我们参加展会收获了什么。

这与我们在第四章中谈到的基本步骤相同。我把是什么和为什么分开了。当你把故事分解成各个组成部分时，就可以测试它们之间的联系，看看这个故事是否像人们想象的那样有助于目标的实现。

有很好的理由让我们继续参加贸易展，但也有更好的理由让我们基于目标本身重新考虑是否要这么做。我们的目标是树立愿景，并与图书作者、供应商以及其他合作伙伴保持良好关系。

当我评估贸易展的数据时，我发现我们可以自己举办活动，可以举办一个有分组讨论和小型会议的大型专题活动，只需要花费往年参加贸易展开支的 20%。而且所有人的注意力都会集中在我们身上。

请注意到目前为止我采取的步骤：我尽可能地收集了所有相关事实，我梳理了所有的假设，这样就可以根据我们的最终目的重新评估结论。这个流程是与他人协作完成的，我希望有多元视角。关于协作，我们将在第八章详细讨论。根据这些信息，我要做一个决定。

是还是否？

数据并不总是能让你对自己的决定有 100% 的把握，即使你也已经咨询了利益相关者和其他相关人士。也许这些信息组合在一起可以让你对决定有 60%~80% 的把握。但对于决定会带来什么风险和回报，我们通常不得不相信自己的直觉。

在这一章中，我们将着眼于直觉。它在检视我们过去的故事和创造新的故事时都是一个宝贵的工具。在某些情况下，它是唯一可用的工具。同时，我们必须考虑到，它也可能带来一些严重的风险。

给直觉下个定义

正如我们在第一章中看到的，大脑在潜意识下做了大量的工作。我们的无意识思维一直处于运行状态，总是在建立关联，寻找模式，并帮助自己回答"下一步是什么"的问题。

无意识思维一直在无休止地活动，我们有意识的认知落于其后，所以我们常常在能够清楚地表达或解释某些事情之前，就对它们有认知了。例如，当每个人看向错误的方向时，我们就知道出了什么问题，最好踩下刹车。

我们也会觉得采用一个有商业风险的策略似乎是一个好主意，即使你无法提前证明它能产生预期的效果。这就好像叙事人在对我们说："我没办法解释，相信我就好啦。"

直觉不是天赋或特异功能，它是一种你无法解释的认知，是一种在缺乏可靠证据的情况下选择相信或不相信某一特定故事的倾向。它是一种由你的大脑产生的认知，就像推理一样，只不过它是自动产生的，不是经过分析得出来的。

你的大脑整天都在做预测。这些预测来自你的潜意识，以你现有的概念和故事库为基础。正如我们所看到的，不管你需要什么，大脑都会在你的脑海里将其呈现出来，这样你每时每刻都能顺利地思考和行动，能找到正确的应对方法，这是大脑的大工程。[2]

直觉就是大脑基于你还没有完全意识到的神经连接做出的预测。你知道自己知道一些事情，你只是不知道自己为什么知道，或者你通常对这个问题并不关心。

如果每一个动作和假设都必须依赖有意识的思维，那么我们会在人行道上举步维艰，因为自己的带宽不够。在有意识地思考我们需要做的事情时，例如，午餐吃什么，会议什么时候开始，穿什么去参加欢迎会，老板的最后一封邮件的意思是什么，星期五要不要休假等，让无意识的思维来处理我们的行走，这样会高效得多。

有意识认知和无意识认知都是有效的，也都很重要。就像霍奇金森所说："有意识和无意识的思维过程显然都是人类需要的，但从本质上来说，很可能哪一个都不会比另一个'更好'。"[3]

有趣的是，早在神经科学出现之前，一些直觉敏锐的思想家就得出了同样的结论。数学家、科学家、大家公认的现代哲学的创始人之一勒内·笛卡尔（René Decartes）指出，我们依靠两种类型的认知来获得知识：直觉和推论。[4]

伊曼努尔·康德（Immanuel Kant）对此表示赞同："直觉和概念……是我们所有认知的构成要素，因此，无论是没有直觉与之相对应的概念，还是没有概念与之相对应的直觉，都不能产生认知。"[5] 显然，形成认知既需要推理，也需要直觉，而这两者你的大脑都会用到。

直觉负责回答"什么最有可能是真的"或"接下来最有可能发生什么"的问题。为了理解直觉是如何帮助我们的，我们可以将其与法庭所要求的举证标准进行比较。

在刑事案件中，控方必须提供排除合理怀疑的证据。这就是你在检视一个故事时所做的。你要找的是能支持或者反驳它的证据。你虽然不能总是百分之百肯定某些故事是真是假，有用与否，但你可以比较有把握。

如果你正在创业，正打算结婚，或正把毕生积蓄拿来投资，你需要对自己认定的故事非常有信心。我们的商业计划是否可靠，能否在这个市场行之有效？我能和这个人厮守一生吗？这个理财顾问值得信赖吗？

在这些情况下，你希望自己对以上问题能回答："是的，一定是。"如果不能，你会继续检视，直到排除任何的合理怀疑。为了获得这种认知，我们使用的是头脑的分析功能。

在民事案件中，举证标准是不同的。原告只需证明对他们有利的优势证据。换句话说，他们只需要证明自己对的可能性比错的可能性大。

这起事故是由于疏忽造成的吗？我们能绝对肯定吗？也许不能。但如果它看起来很可能是由于疏忽造成的，你可以为原告辩护。在缺乏明确证据的情况下，你只能靠自己的直觉。有时你知道某件事却无法明确地证明你为什么知道，其实是你的直觉发挥了作用。

在日常生活中，你依赖直觉的次数远比想象的要多。高速路上的碎石会让你的车子打滑吗？这个销售人员对我说的是实话吗？我来得及在午饭前完成这个项目吗？这些都很难确定，但你的大脑总是会根据它所知道的做出预测。这就是直觉。

要想充分利用你的整个大脑，你需要相信自己的直觉。为了用好直觉，你必须了解它是如何运作的，这样你就可以很容易地判断它什么时候会给你正确的引导，什么时候可能会把你带偏。

直觉是超越思维的认知

直觉对于检视故事来说很重要，因为它能对问题或疑问进行底线评估。

以包含大量数据、相互关联的细节、不断变化的定义等复杂情况为例。有些时候，我们大脑的执行功能会拼凑出一个看似合理的故事来引导我们，即使这个故事最终被证明是错误的。其他时候，我们可能会被数据淹没，不知所措。[6]

然而，你的潜意识却有不同的运作方式。记住，它不断在你的故事库里搜索，寻找可能的联系，尝试一条又一条神经通路，看看有没有合适的。这样你在有意识的思维能够完全说明白这些复杂情况或它们的成因之前就有了结论（参见第二章）。

这些结论是以直觉的形式传达给你的。如果故事复杂或数据密集，你的直觉可能只是告诉你："不，现在不是向前推进的时候"或者"是的，我们应该在这个季度全力以赴"。

当人们凭直觉知道某件事的时候，他们会用各种各样的措辞来表述，从"我心中有种感觉"到"我的直觉告诉我……"，无论我们"感觉"自己是对的、错的还是不大确定，这种凭直觉来判断的过程被科普作家安妮·墨菲·保罗（Annie Murphy Paul）称为"用感觉来思考"。[7]

这不像通过推理来形成判断那么精确，但不一定不准确。直觉通常会给出一个"是"或"否"的答案，而不是一个非常细致和详细的理由，后者往往出于分析而不是无意识的思考。当我们面对复杂情况，其相关信息难以处理或并不可靠时，这种二元回答就能派上用场。[8]

想想那些你深受他人影响的时刻。一个有经验的推销员，一个情绪激动的家庭成员，或者一个兴奋的邻居，都可以非常有说服力地讲述他们的故事。通过强调某些数据而忽略其他相关细节，他们可能会让自己的故事听起来真实无疑。

当你听到他们的高谈阔论，你可能会有疑问，不要忽视这些疑问。当某人的游说或恳求中有什么不对劲的时候，直觉会提醒我们。当一个故事根本站不住脚时，你的直觉往往是知道的，即使你说不清楚它为什么知道。

在另外一些情况下，你可能已经做了所有合理的检视，但仍然觉得有些不确定。在进行了全面的筛选并确定了三个可能的职位候选人之后，你应该聘用哪一个呢？犹豫不决只会拖慢进度，再来一轮面试可能也还是不能让你一锤定音。你可能需要依靠直觉来决定。

还有一些情况是，你根本没有时间对自己所处的情境做出反应。这时，直觉是至关重要的。

霍奇金森说："当人们面对严峻的时间压力或过量的信息或处于极度危险的境地时，很难甚至不可能有意识地分析情况，这时他们通常能体验到真正的直觉。"在这些充满压力的情况下，你的直觉可能是最可靠的。[9]

我们做决定所依赖的一些故事，在很大程度上是基于这些充满压力的情况形成的。然而，无论我们在这些故事上押的赌注有多大，自己对决定仍然没有十足的把握。数据太多或信息太少往往带来困惑，而不是把握。但不管怎样，你可能仍然需要做出选择。

当我（梅根）准备担任我们公司的首席执行官时，我记得在《哈佛商业评论》（*Harvard Business Review*）上读过一篇文章，讲的是高效管理者与低效领导者的不同之处。我读文章的时候会注意有些原则不具有普适性这一问题（参见最后一章），同时也会留心值得学习的地方。

这篇文章里的一项数据引起了我的注意。研究人员采访了一位首席执行官，他说，当他掌握的信息不到90%，不到80%，甚至不到70%时，他在决策时感觉很轻松。

他接着说："一旦我对答案有了65%的把握，我就得斟酌下再做决定。"他要核对一下自己的想法与顾问团的想法是否一致，然后才拍板决定。"我会问自己两个问题。"他说，"第一，如果我决策错误会有什么影响？第二，如果我不采取行动，会耽误其他事情的进展吗？"[10]

这种斟酌是必不可少的。我们会犯错，但需要尽可能朝着正确的方向犯错。在信息不足的情况下止步不前和不做决定似乎是安全的，但止步不前跟犯着错前行一样，也是要付出代价的。

总的来说，做出决定是最明智的，同时也要认识到，大多数决定都并非不可逆转或不可改变。如果你搞砸了，通常还可以补救。我们将在第七章讨论其中的原因，即使是错误也可能是有益的。即使走出了错误的一步，它有时也能帮助你迈出下一步。

当我（迈克尔）需要敲定要不要继续参加贸易展时，掌握的信息并不全面，我遵从了自己的直觉。我决定退出贸易展，改成自己举办行业活动。我们花了很少的成本，让顶级客户和最好的作者一起相聚在我们自己的场所。这次活动取得了巨大的成功，效果比参加贸易展好上百倍。

但我要说的是：这个决策也可能会失败。实际情况仍有许多值得商榷的地方。到目前为止我们探讨的都是关于检视自己故事的内容，我们同时也需要意识到直觉有时会让自己偏离轨道。

直觉的坏处

直觉是认知的一种形式。它有时是我们唯一可获得的认知，而且通常是可靠的。毕竟，你一路走来取得了不少成就，总的来说你已经是成功人士了。很可能你的直觉让你受益良多。

但也并非总是如此。直觉是受限的，在检视自己的故事时，我们必须牢记它的局限性。

你的直觉有赖于你的假设，也就是你现有的故事库。正如之前提到的，你的故事有赖于你的经验。因此，你的直觉总是被自己的经验所限制。而我们知道，经验永远无法给出一个完整的现实图景。毕竟我们不可能去过所有的地方，做过所有的事情，将来也不可能。

这意味着你的直觉在你经验很少或根本没有经验的领域就不那么可靠了。我们在商业领域都有丰富经验，我们的直觉在做财务、营销、人员配置等方面的决定时很有用。但我们都没有医学背景，自己的直觉对诊断罕见疾病就不会有多大帮助了。

因此，对待熟悉度较高的概念和情境时，主要依赖于我们的直觉是有道理的。在你经验很少或根本没有经验的情况下，要注意不要太相信自己的直觉。

直觉反应是我们的首选故事的一种表现形式。它们往往是原来就有的神经通路，就像路上的车辙那样。我们会在不知不觉中就用到直觉。我们的选择或决定看起来显而易见，合情合理，但这只是将旧故事放到了新环境下，它可能适用，也可能不适用。

我们的直觉反映了自己的经验和现有的故事，它从来都不是真正客观的。但是，当我们的第一反应被我们先入为主的观念所左右时，它更多的是偏见，而不是直觉。

种族和文化方面的偏见就是典型的例子。所有人或多或少都倾向于对那些与我们相似的人有亲近感，对那些与我们不同的人有所怀疑。因此，我们的种族、国籍、政治观点和其他因素可能会让自己产生一种自认为是直觉的反应。事实上，这可能是基于我们的家庭和文化形成的个人偏见。

某些关键词也会触发自动反应，这更多的是条件反射式的反应，而非直觉反应。广告商和宣传人员很早就知道这一点。你的"感觉"，例如觉得一个产品可能是不错的，或者觉得某种经济或政治理论可能是有害的，可能是你对那些承载着意义的词语的条件反射式的反应，例如价值、质量、精英和证实。我们的目标对自己的思维也有类似的影响，它们会让我们专注于自己想要的东西，而忽略任何对目标不利的证据。

当我们依赖直觉时，要分清什么是自己强烈相信或希望是真的，什么最有可能是真的，这一点至关重要。这就需要进行严格的自我意识训练，将那些自己通常看不到的偏见和欲望展露出来。

你也可以通过听取他人的意见来检验你的直觉，尤其是那些看问题的角度与你不同的人。我们将在第八章中更多地讨论他人的视角在我们思考过程中的作用。

运用我们的直觉

直觉和推理是认知的两种形式。参考它们中的任何一个都可能得出正确答案，但最好是它们意见一致。

我们喜欢这样的故事：侦探不顾相反的证据，而是坚持自己的直觉，最终将真正的罪犯绳之以法；或者，一位富有远见的首席执行官无视反对意见，成就了一家卓越的公司。有时候你的直觉是对的，而对事实的常识性理解是错的。不过说实话，这种情况很少见。

我（梅根）也是好不容易才发现这一点的。那一次，我有一种强烈的直觉，认为某位候选人是我们公司某个关键职位的合适人选。这个职位将在新产品的发布中发挥关键作用，所以一定要找到一个合适的人选才行。

我们锁定了一个候选人，确信他就是合适的人选。但我们的招聘还有最后一道程序，要让他做一项科尔比 A 指数测试（the Kolbe A Index），评估一下他的工作风格与他要做的工作的匹配程度。四十多年的实践证明，这个测试是非常可靠的。但不幸的是，测试结果表明我们的首选应聘者并不适合这个职位。科尔比公司的顾问劝我不要聘用他，但我的直觉告诉我聘用他会是一个正确的选择。

结果事与愿违。几个月后，我坚定选择的那个人意识到他并不适合这个职位，于是找了另一份工作。我把填补职位空缺的紧迫感错当成了直觉。虽然结果还算不错，但这真是个痛苦的教训。

这就是为什么高管在信息有限的情况下不先征求顾问的意见就做决定是愚蠢的。我们可以通过运用一些有帮助的经验法则来补充自己的想法，这些法则是由社会心理学家约翰·巴奇（John Bargh）提出的，几十年来他一直致力于潜意识的研究。

每次检视你的叙事人时都不要仅凭直觉。花一点时间进行有意识的反思，停下来探究一下。与此同时，要注意下多少赌注。你对叙事人讲的故事下的赌注越大，越需要检查自己的直觉。如巴奇所说："不要为了小收益而冒很大的风险。"最后，在与人打交道时不要依赖你的直觉，除非你和他们打过交道，有真正的经验。[11]

这并不是说直觉永远不会有胜过数据的情况，但这样的情况很少。直觉永远推翻不了的数据就是你的故事的结果，就像俗话说的那样，实践出真知。

在你基于自己的故事采取行动之前，没有人确切地知道结果会怎样，事后你才知道。如果有强有力的证据表明自己的故事是错误的，我仍然坚持聘用某个候选人，那么说明结果会有一定的风险。然而，如果我在这个候选人明显不能胜任的情况下还坚持自己的选择，那就是彻头彻尾的愚蠢。

直觉不是第六感。它比第六感更有用，是你的大脑不断扫描周围环境，以寻找关联的一种功能。它是一种可以切中要害的认知形式，使你能够在时间紧迫或数据短缺时做出决定。

当你学会信任自己的大脑时，就会对自己和自己的思维更有信心。但是，你也要保持警惕，这样你就会知道什么时候该相信直觉，什么时候你的叙事人只是在给你讲述它的首选故事而已，而这个故事最终会对你不利。

SIX

第六章

不用等到完全有把握了再做决定

我们一般不大会把工程师和冒险者关联起来，也许这是一种模式化的观念。工程师的工作领域充斥着细节、方程，允许的偏差很小。非对即错的思维是他们工作的一部分，否则他们设计制造的那些东西就会停止运转、起火、倒塌、飘散、熄灭、破碎、过热或爆炸。

1986 年，乔治·库里安（George Kurian）和他的双胞胎弟弟托马斯（Thomas）离开印度南部时，抱着成为工程师的目标。他们的父亲是喀拉拉邦的一名化学工程师。兄弟俩决定追随父亲的脚步，同时也决定远走他乡去冒险。在印度一个理工学院读了 6 个月的工程课程后，兄弟俩获得了普林斯顿大学的部分奖学金，便启程前往美国新泽西州了。

虽然不得不做些兼职来贴补开销，但他们都顺利从普林斯顿的电气工程专业毕业，获得了学士学位。之后，他们互相支持，又一起从斯坦福大学商学院毕业。他们都曾在甲骨文公司工作过一段时间，在几家公司兜兜转转之后，两人如今都已是首席执行官，托马斯任职于谷歌云，乔治则任职于数据存储巨头 NetApp（美国网域存储公司）。[1]

乔治在 2015 年出任 NetApp 的首席执行官时，接手的是一个烂摊子。因为营业利润率不到向投资者承诺的一半，董事会要求前任首席执行官辞职。乔治在执掌公司一年后，为了让公司重新走上正轨，不得不裁掉近 1500 名员工。在他的带领下，NetApp 东山再起，公司收入大幅增长，利润翻了两番。几年后，这家公司依然保持着强劲的势头。

乔治将成功归结于公司不懈的专注力和严格的执行力。他在接受采访时表示："我们每周都会召开会议，回顾我们的优先事项，跟踪其进展情况。"发现问题后立即采取纠正措施。

他说："我们希望在掌握了足够多信息的情况下就迅速做出决定，而不一定要等到掌握了全部信息的时候。在这个行业中，这种速度是绝对必要的。"现在你可能在想：这怎么做得到？

这样快速做出决定会让人不安。你怎么知道什么样的决定是正确的？它是否有效？你能否承担得起？是否能按时交付？乔治是如何从仔细缜密地反复检查所有公式的工程师，转变成能在信息和时间有限的情况下做出决定的决策者的？

"对于工程师来说，答案往往非对即错。"乔治在思考这个问题时说，"但对于高管来说，一般不会遇到这样的情况。"

他的父亲在印度也进入了一家公司的管理层，多亏父亲和同为高管的弟弟做出的示范，乔治看到了迅速决策的可能性。"他们让我明白，高管要处理的事情比工程师要处理的多得多。"乔治说，"如果等到完全有把握了再决定，那就太迟了。"[2]

乔治执掌 NetApp 时，周围有很多批评和怀疑的声音。如果他接受了这些故事，他可能会失败。当他看了损益表，决定裁员时，周围有更多的这类声音和故事。在公司改变战略方向时，在有事情没有按计划进行时，更是如此。

在决策过程中的某个时刻，也许乔治自己并没有意识到，从他孤注一掷离开家去普林斯顿大学读书并得到家人的支持时，他就得到了一个自己的故事：你不必知道所有的答案才能让决策产生预期效果。你不必对决策有十足的成功把握。

如果想到要审查自己的故事你就害怕，即便要做的只是质疑和修正一些长期持有的观点，那也很正常，你并不是唯一一个有这种感觉的人。想到以前关于自己、他人和这个世界的一些深信不疑的想法可能并不完全准确，尤其是当你不知道改变自己的故事会带来什么结果时，确实会心生畏惧。

当我们质疑自己的故事时，会觉得生活可能会因此停止运转、起火、倒塌、飘散、熄灭、破碎、过热或爆炸。当我们开始评估关于自己的生活、选择、职业和人际关系的故事时，更会这么觉得。因为这么做会产生不确定性，而你的大脑不喜欢不确定性。

叙事人试图告诉你接下来会发生什么，并且它不喜欢承认："我不知道。"尽管如此，如果我们要质疑它，还是有必要做出一些乔治那样的改变。我们需要学会忍受不确定性带来的不适，才能在检视自己的故事时获得回报。

我们察觉到内心往往会有一些反对的声音出现，阻碍我们中的很多人去批判自己的想法并接受新的想法。因为无法摆脱叙事人的首选故事，我们发现自己被困在原地，无法找到新的解决方法。

一个故事越重要，越被重视，就越难以质疑，更不用说放弃了。当我们相信自己在某件事上是正确的便会坚持下去。这并不是因为我们不够谦虚，尽管这可能是其中的一个因素。质疑叙事人的过程为什么令人深感不安？这个问题有神经科学和心理学方面的解释。

其中一些解释上文已经提到过了。例如，我们觉得自己的故事是真实的。一想到要放弃它们，我们可能真的会感到心神不宁。其他解释则和我们大脑的运作方式有关。

你的大脑就像一条鲨鱼，日复一日不停地在自己的地盘上巡逻。但它不是在寻找食物，而是在寻找意义。它试图了解你所处的环境，这样它就能回答"下一步是什么"这一问题。它对周围发生的事理解得越清晰，感觉就越好。因此，它会避免诸如重新思考你的人生等活动，因为它们有潜在破坏性。

然而，风险本身并不是坏事。它是不可避免的。人生变幻莫测，我们做的每件事都有一定程度的不确定性。当我们承担有预期的风险时，往往会有更好的前景等着我们。你从现在的公司离职，就有机会找到更好的工作。你投资一家企业，就有机会获得利润。你确定恋爱关系，就有机会体验爱情。

这些活动中的每一项都有不确定性，但每一项都有可能带来更大的利益。利益总是与风险共存，这才是值得冒险一试的原因。

当你审视自己当前的想法，寻找具有创造性的新方案时，一定会遇到不确定性，这会令人不适。在我们感到不适的同时，不妨来探讨一下原因。当我们认识到不确定性有哪些触发因素时，就能更容易做到忽略它们，并继续检视我们的叙事人。

人人都喜欢确定的感觉

本书的目的是帮助你更好地思考，从而在生活中取得更好的结果。我们为此充分利用了人类大脑中与生存有关的基本机制。

改变你的想法就能改善你的结果，这听起来很简单，但你的潜意识并不这样认为。对你的大脑来说，故事的功效是让你好好活着。

冰＝滑。绕过它。

陌生人＝危险。别上那辆车。

糖分和脂肪＝令人愉快。能吃多少就吃多少。

虽然最后那一条在这个富足的时代已经不大适用了，但把某些食物和快乐联系在一起，是人类最初的故事之一。在食物稀缺的环境下，人类需要一种激励，让我们去吃那些能让自己活下去的东西。我们必须储存脂肪，因为吃了上顿不知是否还有下顿。就这样，我们的大脑将含有糖分和脂肪的食物与快乐联系在了一起。[3]

对于如今的许多人来说，糖分和脂肪的摄入过量已经成为一个问题。我们体内储存的糖分和脂肪太多了，但自己似乎无法切断高脂肪和高糖食物与美味佳肴之间的联系。糖分和脂肪能令人愉快这个故事并不适合我们中的很多人，但我们还是无法摆脱它。它在大脑中根深蒂固，已经成了我们与生俱来的生存本能的一部分。

当我们敦促你质疑自己的故事，包括一些你听了多年的故事时，你的潜意识在大喊："不，不，不！危险！危险！"

这让我们很难放弃任何关于诸如人际关系、家庭、政治、金钱或成功等重要事情的现有故事，即使我们意识到自己的故事不能再让我们继续提升了。我们天生就讨厌改变主意，这只是大脑在试图保护我们的安全。

这就是我（梅根）抗拒公开演讲的部分原因。我眼看着自己的朋友因为演讲而崩溃。当我想象自己站在聚光灯下，无论在实质意义上还是象征意义上，我都感到自己的肾上腺素在飙升。演讲可能会要了我的命。叙事人就是这么告诉我的。此外，演讲会将我所担心的事情暴露在所有人面前——我担心我有严重的问题。我必须不惜一切代价避免这种情况发生。

质疑自己的故事之所以困难重重，除了因为我们有自我保护的本能，也可能是因为这么做会破坏自己的意义感。因为质疑自己理解世界的基本方式，就等于质疑自己所知道的一切。

　　故事是创造意义的工具，它们之间都是有关联的。对一个故事的质疑可能会引起对另一个故事的质疑，然后又牵扯到下一个。哪里是尽头呢？难道就没有什么对我们来说可靠的故事了吗？这么一想好可怕。

　　新的认知会质疑自己对现实的看法，自己在面对新的认知时，会经历心理学家所说的存在焦虑。这让人感觉不舒服，因为你的整个人生都受到了质疑。

　　早在 1849 年，丹麦哲学家索伦·克尔凯郭尔（Søren Kierkegaard）就预言，当主流世界观（即西方文明的故事集合）被证明不足以理解这个比以往任何时候都更加瞬息万变的世界所面临的新挑战时，这种存在焦虑会大范围发生。[4]

　　他是对的。伴随着工业化带来的巨大社会变革，精神病学作为一个学科在 20 世纪迅速发展，帮助人们应对存在焦虑。而如今，42% 的成年人正在或曾经接受过某种形式的咨询或治疗。[5]

　　最常见的问题是抑郁症，它通常与丧亲或患病之类的重大生活事件有关，这些事件会带来对生命意义的深刻质疑。所以，如果重新思考关于生活、事业、人际关系甚至现实的故事会让你有点焦虑，但那很正常，有很多人和你一样。这就是人类对生存危机的心理反应。

　　好消息是，这些反应揭示了一些关于你自身的重要信息。它们表明你正在深入地理解这些观念。你内心对其有所抵触，说明你至少愿意探索新的想法。

你能感受到焦虑，说明你明白检视自己的故事意味着什么，你知道这当然意味着要改变你的生活。你在深入思考，这对学习和成长至关重要。

就这一点来说，要克服焦虑，就得把你的恐惧说出来。（毕竟，这只是你的叙事人告诉你的另一个故事。）问问自己："最坏的结果是什么？"说实话，最坏的可能性不过就是：你觉得这种焦虑训练没用而不做改变。

最好的结果是：你对自己的处境有了更清晰的认识，并找到了更有效的新方案。重新审视自己对现实的理解是促使你积极改变的一个机会。你很可能会确定自己的故事是正确的，值得保留。而焦虑训练本身会增强你解决问题和实现目标的能力。

你的意思是没有什么是完全真实的吗

我们经常会听到的另一个反对的声音是：质疑我们的故事在某种程度上相当于否认现实，或暗示没有什么最终是完全真实的。这似乎在说，我们都必须创造自己版本的现实，如果你的故事对你不奏效，那就再创造点别的故事吧。

我们可能会对一块石头的名称产生分歧，可能用它来制作不同的东西，可能把它看成不同的颜色。但是当我们踩到它的时候都会被绊倒。显然，我们都遇到了真实的事情。

我们知道自己正在处理什么事情并做出合理判断的能力并不像自己想象的那样可靠。

记住，我们的故事是由自己从直接（但有限的）经验中获得的，或从他人（同样有限的）的经验中间接学到的。其中一些是经过验证且符合事实的，但也有很多不是。但是，不管怎样，我们如何理解这些故事，如何根据它们采取行动，都是可以解释的，都取决于当时或形势的需要。正如我们在第四章中看到的，脱离了最初的情境，即使是经过验证的原则也并不具有普适性。

我们应该对自认为知道的东西保持一点谦虚，当有新证据出现时，要愿意重新思考事物之间的联系。这对人类来说总是很难做到，而且我们在过去的几百年里所接受的思考方式训练让这变得更加困难。

自启蒙运动以来，经验主义和理性主义这对孪生理论为我们的大多数制度提供了知识基础。它们一起争辩：我们可以通过感官来认识世界；我们可以通过理性思维来验证这种认识。

后来，工业革命让人们开始热切关注科学技术如何能提升我们对世界的认知，并对此持乐观态度。我们形成了一种现在几乎被普遍接受的观点，即通过科学探究和思维逻辑，我们可以（或者最终可以）彻头彻尾地了解世界是什么以及它是如何运作的。

当然，这是一种过于简单化的说法。但关键是，我们越来越相信自己有能力百分之百确定什么是真实的。这样的自信靠谱吗？

想一想在西方世界里，推动科学价值超越其他形式"认知"价值的关键事件是哪一个？当然是关于宇宙中心的争论。

尼古拉·哥白尼是文艺复兴时期的数学家、天文学家和天主教牧师。在那个时代，几乎所有人都相信太阳是绕着地球转的，因为我们似乎每天都能看到这种现象，但哥白尼却提出，宇宙的中心是太阳，而不是地球。

他在 1543 年出版的《天体运行论》(*On the Revolutions of the Celestial Spheres*) 中发表了这一观点，引发了哥白尼革命，最终推翻了人们之前对世界的看法。现在只有少数边缘思想家仍然认为地球是宇宙的中心。太棒了，这就是科学！但是，等一下。

如今，没人再认同哥白尼关于太阳是宇宙中心这一观点了。这个故事在 1610 年被推翻了。伽利略用望远镜发现地球和太阳都是银河系的一部分，而银河系包含了宇宙中所有的恒星。当然，后来这个故事又被改写了。

1924 年，埃德温·哈勃用一架功能更强大的望远镜证明，许多恒星太过遥远，不可能是银河系的一部分，而且在我们所处的银河系之外还有其他完整的星系。事实证明，宇宙中的确还有很多其他星系。早在 10 年前，天文学家就估计出宇宙中大约有 2000 亿个星系。最近的研究表明，实际的星系数量可能是这个数字的 10 倍。[6]

哥白尼、伽利略和哈勃都因各自的发现为世人称颂，在他们那个时代，这些发现似乎完美解释了我们在天空中所看到的一切。然而，他们的故事说明了一个关于认知的最容易被忽视的真相：无论何种途径获得的认知总是有限的，也是暂定的。

我们并非无所不知。尽管我们的出发点是好的，但我们关于这个世界的故事往往是错误的，或者至少是不完整的。

这并不意味着科学研究不值得信任，或者合乎逻辑的结论没有价值，而是意味着我们永远不可能确切地知道世界上正在发生什么，我们没有这样的完美能力。虽然我们对世界的认知可能是部分正确的，多少对我们有帮助，但不大可能是完全正确的。

哥白尼和伽利略的发现并不完全正确，那么我们在阅读财务报表、观察客户焦点小组或倾听家人或朋友讲话时，情况又会如何呢？我们从来无法掌握所有的数据。

几乎每个人都有一种生来就有的感觉，觉得有些事情是绝对正确的，这一点我们也同意。有些故事不应该被改写，例如，我们的是非观，它就像我们的生存本能一样，是与生俱来的。

无可否认，关于是非观的故事在不同的文化中是略有不同的，而且在一些人的脑海中它已经完全被改写了。即使是最优秀的人，偶尔也会因为个人欲望或偏见试图改变是非观。

然而，虽然时间在推移，文化在变迁，我们关于谋杀、偷窃和撒谎等故事的大部分内容都还是稳定可靠的。[7]我们并不建议改写那些几乎所有社会中都存在的基本道德和伦理框架。有些故事是绝对正确的，也就是说，它们适用于任何地方、任何时代。

对我们确信的事情保持一定程度的谦逊是明智的。当我们把许多并不能确信的事情误认作少数那些可以确信的事情时就会陷入困境，自己的头脑会受到束缚，排斥那些很可能为自己面临的问题提供有价值的解决方案的新思路。

为了避免因陷入这样的困境而焦虑，你需要从那些确信无疑的想法或信念中找出真实的要素。面对任何情况的时候，问问自己："我能否毫无偏见地说，这个问题呈现的无疑是道德或伦理方面至关重要的事情？"如果不是，你就应该检视自己对这个问题的看法。换句话说，你可以自由地构想一个更好的故事。

一个故事牵扯到其他故事

我们的许多故事都是紧密关联的。就像我们的大脑通过在概念间建立联系来构建故事一样，我们会详细阐述故事之间的联系，形成结论，而这些结论又会成为其他故事的组成部分。

许多故事就像是砖墙上的砖块或蜘蛛网上的丝线，都是相互依存的。这是我们的基本故事最真实的样子，它们往往是复杂的。我们意识到，从某种程度上来说，如果我们从底部抽出一块砖，整个结构就会不完整了。

这种潜在的恐惧使我们无法非常仔细地审视某些想法。它们看起来是正确的，因为它们必须正确，否则我们就得改变整个思维框架。

这包括我们在政治理论、宗教信仰、家庭制度、教育哲学、管理学和经济学方面的观点，也可能涉及我们如何看待工作，如何处理待办事项，或如何度过周末的休息时间。

我们有时会在高管团队的会议上遇到这种情况。如果开会是为了解决一个问题，那么我们可能会由此牵扯出一系列其他问题。这个过程一旦开始，我们并不是每次都能确定扯到哪一步才会结束，因为我们的假设、目标和首选策略就是一个由相互联动的概念和关系组成的大型网络。

当开始拆解一个故事时，我们可能会看到它对其他故事的影响，自己的看法可能正确，也可能错误。根据我们的经验，这种拆解有时会令人挫败，但几乎总是富有成效的。在追寻目标的过程中遇到阻力，有时会让我们看到被自己忽略的或被其他故事掩盖的更大、更深层次的挑战。与其假装没有问题，不如接受意识到自己有问题所带来的不确定性。

当事情（真实存在的也好，想象出来的也罢）似乎都在我们眼前展开时，我们该如何应对？我们经常会止步不前。任何谈话或思路，一旦看起来有威胁性，我们就可能会立即停止。

这么做就大错特错了。这实际上阻挡了我们前进的步伐，让自己永远不会从不同的角度思考问题或找到更好的解决方案。

切斯特顿（G. K. Chesterton）说："唯一应该被制止的想法是阻碍思考的想法。"[8]当我们继续检视的时候，会对解决方案保持开放的心态。如果检视的过程会引发新的问题，那就顺其自然吧。事情的进展没有一帆风顺的。

众所周知，亚马逊创始人杰夫·贝索斯（Jeff Bezos）善于变换想法、检视质疑和基于新信息重新构想自己的故事，最后这点我们会在接下去的第三部分探讨。看起来他能够把一个故事和其他故事分离开，这样在某个特定问题或项目上变换想法就不会威胁到他的整个思维方式。

以亚马逊失败的在线竞价平台为例。它是为了与易贝（eBay）竞争而推出的，但亚马逊的这一举措从头到尾都没有收效。贝索斯并没有把（亚马逊可以在拍卖领域与易贝正面交锋）这个故事的失败看作是对亚马逊整个企业的威胁，而是改变了这个故事，更改了他的战略。

于是，亚马逊第三方卖家项目应运而生，获得了丰厚的利润。[9]我们可以做到在不破坏自己整个世界观的情况下，放弃那些看似对自己最重要的故事来说至关重要的想法。走下坡路并不像我们有时想象的那样会一路走向衰亡。

诚然，改写故事会引起其他人的质疑，但这其实是叙事人为了避免我们感知到伤害而给我们讲述的另一个故事，但伤害只是出于担心假想出来的，并不是真实存在的。

我们的大多数故事更像是一张网，而不是一面墙。在这面墙中，每一块砖的稳定性都有赖于其他砖块。拿掉一块砖，整个墙体结构就会不稳固。如果从地基附近抽掉一块砖，整个建筑可能会倒塌。

而网则不同。每股线相互连接，但它们之间的接触点不同。如果去掉其中一股，整张网基本上不会受到影响。我们的故事大部分都是这样的。它们之间有某些共同的概念，但改写其中一个并不意味着要放弃所有相关的故事。有时用一个故事替换掉另一个故事后，这张网实际上更加牢固了。

为了避免因为担心会牵扯到所有相关故事而焦虑，请继续思考下去！抵制住放弃检视故事的想法，对新想法保持开放的态度，继续思考眼前的问题。

不确定性带来了新的可能性

我们希望能阐明，叙事人是如何在你追求目标的过程中影响你对挑战的反应的。如果你明白了这一点，就能摆脱困境，达到更高的境界。如果你不能理解为什么要这么做，那么你很可能会停留在原地，或随波逐流到一个你不想去的方向。

当我（梅根）接受演讲的挑战时，这个选择就摆在我的面前。我的父亲是一位演说家，就像他自己说的，我还在穿尿布的时候，他就开始公开演讲了。我敢肯定，人们认为我应该天生就擅长演讲，就像这是某种可以遗传给我的基因一样。

　　然而，在内心深处，我确信自己不是演说家的料。在这点上，我已经说服自己了。随着工作范围扩大，要求增多，我掩饰恐惧的时间越来越长，拒绝的演讲邀约越来越多，我的羞耻感和恐惧感也越来越严重。你很可能在生活中也有类似的经历。

　　但情况变得让我难以招架。我不喜欢叙事人给我的故事，但这些故事让人感觉很真实，真实到让我觉得质疑它们是有风险的。更糟的是，如果假装它们不是真的，会让我感觉极其危险。

　　但如果我的叙事人得到的信息有误呢？我们很少能了解全部真相。我们都犯过很多错误，多到数不清。但是，正如我们所看到的，承认自己有可能犯错，哪怕只有一点点，也会让人深感不安。

　　当然，犯错不一定是坏事，说明我们有可能做得更好。最好把不确定性想象成是黄灯，而不是红灯。它告诉我们要谨慎，这是明智的，但有时黄灯状态下唯一安全的做法就是不顾一切地穿过十字路口。

　　我给米歇尔发信息时就是这么做的。当我的团队说他们想要我做主题演讲时，我又一次这么做了。接下去我还有更多的事情要去做，我们都有更多的事情要去做。一旦我们检视自己的故事，发现它们站不住脚，就需要构想一个不同的故事。我们将在接下来的第三部分讨论如何做到这一点。

现在，让我们结束关于检视叙事人的这一部分内容吧。虽然质疑我们的故事不可避免会带来不确定性，但毕竟，我们的人生之所以能成功，往往是因为我们能容忍不确定性所带来的不适。我们应对不确定性的能力越强，面对挑战时就越有创造力。

第一，认识到内阻是正常的。不要因此而紧张并止步不前，而要审视一下你的内心。通过提问来训练自我意识："我有什么感觉？为什么会有这种感觉？"说出你的情绪，然后把它们暂时放在一边，这样你就可以更好地思考了。

第二，把握成长的机会。当任何有意义的故事受到质疑时，我们似乎都会感到有威胁。放弃一个长期持有的信念似乎是一个巨大的损失，我们会因此畏缩不前。但如果这个过程实际上是一个成长的机会，你会怎么做？而它通常就是机会。

不确定性带来了新的可能性。你的目标是更好地了解自己的处境，以便可以做出更好的选择。把注意力集中在你将得到什么上，这样有助于消除焦虑。当你对自己的处境有了更清晰的认识时，你得到的会远远超过你失去的。

第三，把你的故事和你自己分开。我们常常从自己创造的故事，尤其是那些与事业、成功和职业地位有关的故事中寻求自己的身份。但这是本末倒置，是你创造了你的故事，而不是你的故事创造了你，认识到这一点对你会很有帮助。

当你重新构建关于财富、成功或幸福之类的故事时，你还是你自己。如果说有什么不同的话，那就是你的新故事将更好地体现你的身份。这是为什么呢？因为它会比旧故事更接近真相。

第四，以开放而不是捍卫的态度对待你的故事。当你发现自己不愿意质疑故事中的某个概念或关系时需要找出原因。你需要克服不惜一切为自己辩解的冲动。问问自己为什么会这样。这不是在考验你的自尊，这是为了让你更好地理解自己的处境。如果你抱着捍卫自己的地盘的态度，那么这一点很难做到。

┤ 行　动 ├

现在回到你之前讲的关于你的问题或机会的故事。使用（从 fullfocus.co/ self-coacher 网站下载的）"Full Focus 自我教练"文档来检视这个故事，并捕捉你的见解。事实是什么？你是否假设了并不存在的联系和原因？你遗漏了什么细节吗？如果这让你感到不确定，那么恭喜你：你应该是走在了正确的道路上。

我们又了解到了什么

▶ 不管我们脑子里的故事是怎样的，重要的是要问一问：基于现有的证据，我们对这一点真的确信吗？什么是事实，什么是把这些事实与我们给自己讲述的故事联系到一起的猜测？

▶ 当我们专注于一个特定的结果时，可能会错过改变故事的关键信息。

▶ 直觉可以是一个宝贵的工具，既可以帮助我们检视自己过去的故事，又可以帮助我们创造新的故事。但它也可能带来一些严重的风险。

▶ 在你经验很少或者根本没有经验的情况下，要注意别太相信自己的直觉。

▶ 重新审视自己对现实的理解是促进你积极改变的一个机会。

PART3

第三部分

构想

训练你的叙事人

SEVEN

第七章

不同的神经元讲述不同的故事

我（迈克尔）曾经参加过一次会议，与会者来自十几个国家，有着不同的文化、种族和宗教信仰。在开幕式上，我们被要求三人一组，列出我们所有的共同点。

我想：好吧，我们之间应该几乎没有共同点吧。毕竟，大家语言不通，文化价值观各异，世界观截然不同，能有什么共同之处呢？我所知道的或者自以为知道的一切都让我觉得我们之间可能都没法正常沟通。我做好了准备，打算在这十分钟的交谈时间里一边点头附和、礼貌微笑，一边在心里盘算下我的待办事项清单。

但我发现自己真是大错特错了！我们小组三个人，来自不同的国家，有着不同的宗教信仰。但交谈结束时，我们已经发现了我们有 82 个共同点。

我们都爱自己的孩子，希望他们有更好的生活。我们每个人都珍视诚实正直的品质。我们都爱笑，喜欢阅读，也有一些相同的目标。这次会议结束时，我觉得有意外的收获，大受启发，也心存感激。这次经历一下子改变了我对来自其他文化的人的看法，我永远不会忘记这次会议。

那天是我人生旅程中的一个转折点，我开始敞开胸怀考虑新想法，尝试新体验，并愿意在它们之间建立新的联系。换句话说，我开始愿意改写自己的故事，让它们能更准确地反映现实。

我们通常所说的封闭型思维不过是大脑的标准运作方式，它更喜欢使用熟悉的、存在已久的神经通路。它擅长识别各类模式并将其归档，以备将来使用。因此，当我们遇到任何情况时，自己的叙事人就会冲进大脑档案室，抓出最熟悉不过的故事来应对它。

我们最常使用的神经通路就像是大脑中的州际高速公路，它们是任意两点（即两个概念）之间最快、最直接的路线。[1] 我们有什么理由不走这条路呢？走这条路，我们只需要用上现有的概念和故事库就行。这就是为什么，在我们对任何问题已经有了定论时，我们很难看到另一种可能性。

这就解释了在那次会议上我为什么会对能否找到和那些来自其他文化的人的共同点产生怀疑。在过去，我与和自己不同的人沟通很困难。这一经验是我唯一的参照基准，所以我从来没有想到自己和他们可能会有很多共同之处。

想要形成不同的观点，必须得有什么东西把我推离现有的常规思路。一次新的经历在我的大脑中建立了一条新的神经通路，这使得创造新故事成为可能。我发现：把我与不同背景的人联系在一起的因素要多于把我和他们割裂开的因素。

同样地，如果你想构想一个新故事就必须找到一种让自己摆脱现有思维模式的方法。记住大脑运作的基本原理，它有着巨大的神经细胞（神经元）网络，通过突触连接互通、传递信息。这些神经通路既是你思考的方式，也是你想法的塑造者。

所以，如果你想有新思路和新想法，那就要让大脑离开熟悉的通路，形成新的神经连接。当你驶出熟悉的州际高速公路，走几条小路，你会发现在高速公路上从未见过或体验过的风景。同样，大脑也用这种方式工作。若是迫使它沿着不同的通路去思考，它会给你带来新思路和新想法，你可以利用它们来创造一个更好的故事，并达成更优的结果。[2]

但是，大脑不愿打乱其熟悉的常规活动。在这一章中，我们会给你提供一些技巧，帮你解决这一问题。本章结束时，你将收获一些可靠且可行的策略，它们能打开你的思路并修改让你形成想法的神经连接。

从可能性开始

在教练实践中，我们经常注意到客户会无意识地封闭自己的思维，拒绝新的可能性，这点并不奇怪。因为叙事人非常重视保护你，让你远离失败，它会自然而然地利用你已有的经历来做到这一点。也许你的叙事人也对你说过以下这些自我限制的话：

- 我永远不会那样做。

- 我们没有足够的资源来启动这个项目。

- 根本不存在合适的候选人。

- 我不擅长技术。

- 因为他们作弊，我们永远也赢不了。

- 你知道他们是怎样的人。

- 我们只是没有时间来解决这个问题。

- 他们永远不会聘用我。

- 我没有足够的钱。

类似这样的陈述使我们远离风险，给自己一种确定感，所以也会让自己产生一定程度的安全感。即使对客观环境感到不满，在知道"我们真的别无选择"或"我们无能为力"时，自己也能得到安慰。这种想法可能可以迅速回答"下一步是什么"这一问题，但也严格地限制了我们认为可能的事情的范围，阻碍了任何试图重新为自己的故事提供思路的尝试，让自己摆脱不了现有问题的泥沼。

不幸的是，这些自我限制的想法在受到质疑时会迸发出更大的力量。当人们质疑我们的假设时，我们会捍卫它们。我们倾向于从和自己观点一致的人那里寻求支持，并诋毁那些与自己意见不同的人。接着，由于只和与自己观点一致的人来往，我们的思维便会更加固化。[3]

幸运的是，你的大脑非常灵活。即使你的思维模式看起来似乎是固化的，但实际上并非如此。你可以改变大脑的默认设置。正如教育家乔·博勒（Jo Boaler）所说："当我们开始意识到自己的潜能时，被限制住的那部分自我也会随之释放出来，我们对事物的看法也不再受限；我们开始能够应对生活中大大小小的挑战，并将它们转化为一个个成就。"[4]你可以训练自己从可能性的角度去思考。

所以，在教练的过程中，我们给出的第一个建议就是练习自我意识。就像我们在第四章中所说的，检视你的故事要从注意你的措辞和情绪开始。留心你回应不同情境、问题或是建议的说辞。如果你的回应中包含轻蔑的、负面的或是防御性的语言，那么问问自己为什么会这样。不过不要自我批判，跟着你的想法走就好，看看它们会把你引向何处。

用上述同样的方式去理解你的情绪，尤其是负面情绪。当你感到愤怒、担忧、焦虑、恐惧或敌意时，问问自己为什么会这样。在这一系列思维训练的最后，你可能会发现叙事人给你讲述的是一个关于自己、这个世界或其他人的故事，目的是让你远离风险，而不是推进你的目标。

一旦你发现了这是一个有局限性的故事，摆脱它的最简单的方法就是用一个更积极有用的故事去替换它。例如，如果你用的是限制性思维，你会认为供不应求是常态，你可能会发现自己总把类似于"我们没有足够的时间"或"我们永远没法为了那件事筹到资金"这样的话挂在嘴边。

但如果你换成可能性思维，用一个基于资源可再生的想法形成的故事，替换掉原来的故事，你的说辞也会改变。你可能会说："今年我们可以比去年取得更多成就"或"着手去做吧，资源会有的"。

你不必成为一名精神分析学家也能完成故事的替换。如果你能认识到自己思想中固有的局限性，并把它们替换为基于可能性形成的观点，这就足够了。

在表7-1中，左列是一些具有限制性思维典型特征的陈述，右列是对可能性和改变持开放态度的陈述。如果你在左列任何一条中看到自己的影子，那就开始用更积极的看法取而代之吧。

表 7-1

限制性思维模式	可能性思维模式
这个问题没有办法解决	每个问题都有相应的解决办法
我没有资源	我会在自己需要之时找到相应的资源
阻碍太多了	机会总比阻碍多
我不知道该怎么做	有人已经知道该如何做我想做的事了，我只需要找到他们
这不是我们做事的方式	策略应该是为我们所用的，而不是神圣不可改变的
我失败了，我是个失败者	失败是反馈，不是定论
我尝试过了，我不擅长这个	你不需要一路战无不胜才能最终获得成功
我没有足够的时间	约束带来的自由比带来的限制更多

顺便提一下，你不需要一开始就接受这种以新换旧的方法。有时，我们可以先提出一个主张，然后把它当真，根据它来行动，最后我们会在行动中实现它。这种做法就好像现实最终赶上了信念的步伐。[5]

我们最喜欢的教练技巧之一就是用开放式的问题来鼓励人们多从可能性角度思考，无论教练对象是客户还是我们的团队成员。人们提问时通常关注的是问题本身。你会听到类似这样的问题：问题是什么？为什么会出现这种问题？怎样才能阻止这种问题的出现？我需要为此付出多大的代价？

虽然这么问是符合逻辑的，但这样会让我们把注意力集中在问题上，从而找出的是最显而易见且平淡无奇的解决方案。从这种意义上说，这样的问题会限制我们的想象力。我们可以把它们看作封闭式问题。

我们会用可能性问题引导客户和团队。它们源自一种富有想象力的、以解决方案为导向的思维模式，是形成心理学家马丁·塞利格曼（Martin Seligman）所说的"习得性乐观主义"的一种方式。[6]

这首先得基于这一想法：我们当下对某种情况得出的结论并不是唯一可能的表述方式，它们只是我们此刻能想到的最佳表述方式。但是，总会存在另一种看待这种情况的方式。

可能性问题指的是任何能让你超越对问题本身的分析，转而寻找新的解决方案的问题。虽然可能性问题是无穷尽的，但我们可以给你提供一些很好的例子。

- 这给什么提供了可能性？
- 如果我反向思考会有什么结果？
- 想要完成 X、Y 或者 Z 需要些什么？
- 我们如何重新定义这个？
- 我还能想到什么？
- 在这种情况下，我想如何表现？

- 十二个月后可能会发生什么？三年后呢？我们怎样才能改变这一点？
- 谁比我更了解这个呢？
- 发生这种情况的前提是什么？

另外值得注意的是，这些问题可以让提问者摆出学习者的姿态。封闭式问题认定了只有一个可以立即确定的正确答案，而可能性问题让我们有机会去探索和发现，它们正是想象力的核心，这类问题会点亮大脑中新的神经通路。

逆向思考

形成新思想的另一个技巧就是逆向思考。我们对创造性天才总有一种刻板印象，认为他们是古怪的逆行者，他们与传统背道而驰，也从不在意别人对他们或他们的观点的看法，这种印象并非偶然。史蒂夫·乔布斯教条式地坚持极简，居里夫人敢于打破常规，都会给人这种印象。虽然这无疑是对用创造性思维解决问题的人的夸张描述，但也有一定道理。

事实证明，我们的创造性思维能力和我们摆脱常规思维方式的意愿之间有着直接的联系。正如神经心理学家艾克纳恩·戈德堡所说："当然不能说不墨守成规的思维倾向是创造力的充分前提，但可以说它是一个必要前提。"[7]

心理学家加里·克莱因（Gary Klein）称之为产生新发现的首要途径，也就是说，要逆向思考已被广为接受的故事。再换句话说，要去检视和解构别人的想法。[8]

想要创造性地思考，我们必须愿意抛出别人不愿抛出的问题，提出别人不敢提出的想法，或采取将别人威慑到陷入被动境地的行为。这并不意味着有创造力的思考者一定是盛气凌人、傲慢无礼或稀奇古怪的，只是他们有足够的勇气去探索新的想法。这意味着逆向思考已被广为认可的解释、故事或对事实的"常识性"解释。

逆向思考已被广为接受的故事有时可能会表现为站到看似极端的立场上。许多最具创造力的人正是这么做的。我们可以在十年内将人类送上月球并返回地球（约翰·F.肯尼迪）。为什么私营公司不能执行太空飞行（理查德·布兰森）让我们在佛罗里达州一个不为人知的城市建造世界上最大的主题公园吧（华特·迪士尼）。

当我们突破人们认为的可能性界限时，大脑就开始在概念间建立新的联系，写出更好的故事，并获得意想不到的结果。有时，激发突破的方法是把你的思维一直往上调到"疯狂"模式，然后再将其调回一档。

反事实思维是一种与公认思维反其道而行之的相关技巧。你可以问自己一些这样的问题："如果我们知道自己不

会失败会怎样"或者"如果我们的资源用之不竭会怎么样",
又或者"如果我们现在开始创业而不是 40 年前开始会怎么
样"。你可以让自己的思维越过概念间现有的联系,迈向新
的可能性。

还有另一种技巧可以用来对抗大脑评估你所处情境时采
用的默认方式,即有意在脑海中保留相互矛盾的想法,让大
脑思考如何解决这个难题。例如,一项关于诺贝尔奖得主的
研究发现,他们会有意并主动地思考悖论,以帮助他们取得
突破。[9]

这种方法之所以有效,是因为它有助于打破原有的故事
情节,形成新的故事情节。思考悖论会迫使新的神经通路开
始工作,因为现有通路无法解决这种矛盾冲突。[10]

在指导我们的教练客户时,我们会让他们抛弃解决方案
非此即彼的想法,重新去设想存在着明显矛盾的故事,寻找
第三条路。有时,了解自己处境的最好方法不是清除那些似
乎不合适的想法或细节,而是以协调的方式,或者甚至以允
许矛盾存在的方式重塑故事。[11]

历史上杰出的问题解决者一次次通过这种方法提升了人
类的认知。哥白尼、伽利略和哈勃都是这么做的。他们得出
的结论是:数据并没有错,需要更改的是解释数据的故事。

乔伊·保罗·吉尔福特(Joy Paul Guilford)是研究创

造力的先驱，他把这种思考没有明显、单一答案的问题的技巧称为发散思维。[12]

例如，人们在工作中处理资源紧缺的问题时可以运用发散思维。我们很容易声称："我需要资源 X 来获得结果 Y。我没有 X，所以我无法取得 Y。"这种说法看起来很像批判性思维，感觉起来也像，但实际上，你的叙事人只是草草得出了结论。它用的是原有的神经通路，就像用现成的剧本那样，为所处情境提供了一种墨守成规且"看似真实"的看法。

如果用发散思维，我们就会这么说："我没有资源 X，但我仍然可以取得结果 Y。"关键在于当我们说出这个悖论时，大脑中在思考什么。大脑这时正忙着想象怎么可能去做那些看起来不可能的事情。[13]

不要轻易放弃那些看似矛盾的概念。在发散思维和潜意识的帮助下，你也许会找到概念间新的联系，这将帮助你重新构思自己的故事。

求新立异

但如果你觉得自己陷入了思维窠臼怎么办？你该如何启动自己的创造力来形成新想法和新故事？我们先来看看那些

最具创造力的人——孩子们。

新想法是想象力的精髓，孩子们最擅长提出新想法。例如，2021 年，"长赐号"货轮搁浅在了苏伊士运河，造成河道严重堵塞。当时，一名敢于尝试的记者向孩子们寻求解决方案。得到的答案至少可以说是新颖的。

四岁的特迪确信自己的想法能奏效。他说："他们需要一台起重机、一根绳子、一个斜坡和一辆汽车。先把汽车牵引上斜坡，然后截断牵引的绳子，让汽车'砰'的一声撞到船上，这样就能把船撞回海里。如果一辆车不起作用，可以再来一辆车。"五岁的胡勾给出了同样"权威"的解决方案，他说："把它切掉！"他的意思是切掉船的一角。[14]

这些至少可以说是与众不同的解决方案。但是，它们对当时的情况来说缺乏现实意义，也就是说，在解决问题方面起不了什么作用。

成年人往往善于提出实用的想法，但通常缺乏新意。切记，你的叙事人只能接触到你过往的经历，所以产生的想法也往往是你以前就听说过的。

大部分头脑风暴都会经历几个想法动态变化的阶段。创意总监斯蒂凡·穆默（Stefan Mumaw）给我们描述了头脑风暴的正常流程。开始时，每个人都会抛出他们的想法，但这些想法并不新奇，我们也知道为什么会有这些想法。

头脑风暴从根本上说是一种神经系统的运作过程。在这个过程中，大脑首先会用尽熟悉的神经通路，之后才尝试在现有的概念之间建立新的联系。起初，你的大脑会排斥任何全新的东西。在某种程度上，你的有意识的思维一开始甚至无法获得新颖的想法。幸好，这只是思考问题的第一个阶段。

随着显而易见的想法越来越少，人们也开始越来越绝望。然后有人（可能就是你）提出了一个非常疯狂的想法，播下了突破常规的种子。

不知何故，说出一个明显不切实际但非常新颖的想法可以让大家摆脱束缚，提出原先可能认为过于标新立异而不愿提出的想法。于是，大家开始突破可能性的边界。在这之后，真正富有创造性的想法开始浮现。错误和正确可能有别，但两者之间可能只有一两步之遥，错误也可能代表了通往你所需答案的最快路径。

释放一个疯狂的想法会激发概念间新的联系。这时，你的大脑开始将不同的概念混合配对，试图把它们像拼图一样拼在一起。这个过程一旦开始，就有了自己的生命。[15] 图7-1 是穆默对这个过程的图解。

要认识到想法有不同的阶段，一个阶段一个阶段地往前推进，头脑风暴才能卓有成效。不要把观点数量的第一次下降误认为是整个过程的结束，这时真正的创造性工作才刚刚拉开序幕。

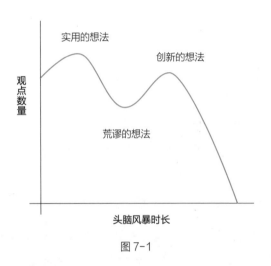

图 7-1

正如穆默所说，想要找出新颖而实用的想法，关键在于"更快地提出荒谬的想法"。[16]说出荒谬的想法是有效的，因为这种做法会消除对提出看似不切实际的想法的社会抑制。

想要激发你的创造力，可以问自己这样的问题：

- 最愚蠢（或最疯狂）但可能的确有效的想法是什么？
- 如果我是另一个人，在这种情况下会怎么做？
- 我们获得成功的前提条件是什么？
- 如果一切皆有可能，我们会做什么？

- 哪些因素限制了我的选择？如果这些因素不存在会怎么样？

- 如果我不怕失败，我会尝试做什么？

另一种迫使大脑突破已有经验的方法，是以初学者的思维模式来处理问题，提出一些看起来平淡无奇的疑问。以下是几个例子：

- 如果这个问题以前从未发生过，我会如何应对？

- 五年级的学生对此会说些什么？

- 我们为什么要这样做？

- 我们还相信这种观念吗？

- 是什么让别人那么想或那么做？

- 我真的需要这么做吗？有谁真的需要这么做吗？

- 如果我今天开始创业，我会按照现在的方式来规划吗？

- 那个词或短语的真正含义是什么？

- 你还可以如何解释这个想法？

重新思考或重述你已经知道的事情很简单，但这会推动你重新审视那些已经变得像你家客厅里的墙纸一样熟悉的概念、联系和进程。

神经科学家、艺术家、商学院教授、心理学家，甚至古典主义者都指出了创造或创新的一个基本模式：打破旧的想法，以新的方式重新组合它们，或加入外部元素来创造新的可能性。[17]但你怎么知道你的新故事里有你想要的答案呢？

修改和尝试

产生新思维的阻力有时来自他人，有时来自我们自身。出于本能，我们知道跳出常规思维会有风险。近四分之三的改革倡议都以失败告终。[18] 我们确信其中一个重要因素是大家对风险的厌恶。这就是阻力，所以改革倡议几乎注定了被否决的命运。

克服这种阻力的一个简单方法就是采用一种实验性思维模式，将新想法视为实验性的，而不是决定性的。这就是科学方法的精髓。科学家首先会观察问题，继而提出假设，然后通过实验来验证这个想法。这就需要研究人员在实验完成之前别太看重自己的想法，也不要得出确切的结论。

想要培养实验性思维模式，你必须从认为"我对所处情境的想法是全面且完美的"转变为"这是我到目前为止的最佳想法。我们试试吧，看看会发生什么"。所有事情无一例外都是这样取得进展的。从哥白尼到居里夫人，再到贝索斯，有无数例子表明，人们在用不同于以往的、有创新性的想法来重新设想他们的世界。

无论我们是否认识这样的人，有没有在新闻中听说过他们的故事，我们的脑海里都有这样一类人的存在。你所看到的任何成功人士都不是靠重复老一套而取得今天的成就的。他们做的是创新、调整和改变。你也可以这样做。

当你把重构自己的故事当作实验时，你会更容易做出尝试，更容易说服其他人也这么做。因为你总是可以根据新掌握的信息改变自己的故事，你不会要求自己或其他人永远认定同一个故事。

当你把新想法当作实验去尝试时，你传达出的信息是，你看重的是想法会产生的积极的结果，而不是想法本身。如果新想法能奏效，那很好。如果不能，也没有人会受它束缚。无论是哪种结果，你都能收集到原本无法得到的数据。通常情况下，错误能让我们更接近突破，即使在当时它们看起来像是失败。[19]

这就是为什么优步（Uber）在2018年推出"拼车服务"之前进行了一项重要实验。他们没有考虑这个新想法会对公司的其他业务产生什么影响，而是直接进行了尝试。[20]把你的新故事当作一次实验，可以降低风险，也可以让其他人说服自己相信或不相信这个故事。不管怎样，在实验结束时，你会比刚开始时知道的多得多。

我们对任何事情的首次尝试大多不会产生预期的结果，这点毫不奇怪。作为成年人，我们会称之为失败，视其为错误。其实我们应该把这当作反馈，这样一来，当改写故事的尝试不太理想时，就不会那么痛苦了，陷入思维窠臼的感觉也就消除了。从现实世界中获得反馈对任何成长或变化来说都是至关重要的。

这意味着在改写故事的过程中，总会有令人意想不到的部分。婴幼儿一天内学到的东西可能比成年人一年学到的还要多，他们对意料之外的事情时刻表现出惊讶。神经科学家斯坦尼斯拉斯·迪昂指出，这些出乎意料的结果只是激起了他们的兴趣，促使他们深入探究。

研究人员给孩子们展示了一些看似不可能的事件，例如玩具穿墙而过。孩子们会记住这个玩具穿墙时发出的声音，而且玩它的时间会更长。他们甚至会造一个词来描述发生的事情，例如："我把这个玩具'哔哩克'了。"[21]

这就是我们学习的方式。当发生一些无法理解的事情时，我们会进行研究，得到反馈，而后会根据我们所了解到的情况改变自己之前对所处情境下的结论。或者如迪昂所说："每一个意料之外的事件都会引发世界内部运作模式的相应调整。"[22] 我们会完善自己的故事。

这就是为什么我们必须将重构故事的尝试定义为反馈，而非失败。大多数人在发现自己的想法行不通时都会感觉不好。因为这很令人沮丧，有时也让人难堪。然而，这是产生新发现的过程中非常重要的一部分。

重构故事的关键是坚持下去，不断尝试和迭代，利用你得到的反馈来完善自己的想法。没有一个故事是完结了的，因为我们会根据新的信息对其加以修改。你获悉的越多，认知会越精细。

需要注意的是，要通过尝试去了解你的想法，而不是去证实它们。这是研究中的常见问题。我们从提出一个假设（或构思一个故事）开始，接着开始对其加以验证。一般来说，我们在提出假设（或构思故事）阶段就已经投入了大量的时间和精力。

所以我们自然希望自己的故事被证明是正确的，但这可能会导致我们忽略那些对自己的故事不利的反馈。或者我们可能会试图迫使反馈符合自己的想法。正如那个很流行的说法："严刑拷问数据，它会招供任何东西。"[23]

实验性思维模式来自发现的渴望，而不是证明的渴望。也许这就是诺贝尔奖得主伊瓦尔·贾埃弗（Ivar Giaever）所说的："对我来说，实验中最伟大的时刻总是在我得知某个想法是好是坏之前。因此，即使是失败也是令人兴奋的。我的大多数想法当然都是错误的。"[24]

你尝试的想法越多，就会越快发现哪些是行不通的。如果你利用这些信息自我纠正，你最终会得到正确的答案，也就是能解决问题的那个答案。

更好的想法，更优的结果

主厨雷内·雷哲毕（René Redzepi）一直致力于突破高级烹饪界的可能性界限。他认为，极度严格的限制是激发创新的秘密，所以他的餐厅只使用北欧国家的本土食材。由于北欧的动植物生长季节很短，他的团队经常要四处寻找能做出菜肴的食材。

他以他所谓的"垃圾烹饪"而闻名，他总会用别人不会碰的食材来烹饪，包括炸过的鱼鳞和羊脑、风干的云杉和冷杉叶，还有其他稀奇古怪的东西。他说："最好的发现往往隐藏在疯狂之中。"[25] 例如，如果你像烤家禽肉一样烤花椰菜，用做牛肉的方法来做胡萝卜，或是用黄瓜来做甜点，会发生什么呢？事实证明，人们会希望品尝到他更多的新菜。

当然，有些想法是行不通的。例如，在一年内，他和他的团队研发出了一百多种成功的新食谱，但研发过程中最终被否决的食谱比留下来的要多得多。[26]

总能奏效的是创造性的方法本身，也就是解构和重组食材，融合和调整烹饪方法，把其他人会拒之门外或未曾考虑过的想法配对和结合起来。因此，《时代周刊》杂志称雷哲毕为"食神"。他还被授予"米其林三星厨师"的称号，他在哥本哈根的诺玛餐厅（Noma）曾四次被评为"全球最佳餐厅"。

是什么催生了雷哲毕这种坚持不懈的创新呢？他在一篇个人日记中总结道："创造力是一种能力，它可以储存你一生中大大小小的特殊时刻，然后设想它们如何与你当下的现实联系起来。当过去和现在交融在一起，一些新的事情就会发生。"[27]

显而易见的答案和常识性的实践从来都不会推动进步。当然，这些东西是极为宝贵的，但它们的作用是维持事务的正常运作，或者充其量是让事务回到正轨。提高效率和推动真正的进步之间是存在巨大差异的。

想要解决所面临的问题，你需要拥有雷哲毕所描述的那种创造力——在过去的经验和当下的现实之间找到新关联的能力。这需要你迫使自己跳出当前思维、主流观点甚至常识的限制，在大脑中建立新的神经通路。有时，也需要你去考虑那些看似极端、不切实际甚至疯狂的想法。

当你这么做的时候，大脑就会开始产生新的想法。你默认的思维方式将被更有说服力、更积极有用的故事取代。在这个过程中，你的思想、情感和行为都会被重塑。你会开始在生活、人际关系和事业中体验到以往似乎无法获得的成果。

　　敞开你的心扉，抛开限制性思维，探索会给你的生活带来真正改变的新体验和新想法。在这些方面，我们再怎么极力敦促你去做都不为过。

　　然而，你的思维有一个局限，那就是你无法靠自己来改变它。有些想法是你的大脑根本无法创造出来的。为了获得这些想法，你需要进入另一个人的大脑。在下一章中，我们将告诉你如何利用他人的思维能力来为你最紧迫的问题找出解决方案。

第八章

众人拾柴火焰高

1905 年，在专利局工作的阿尔伯特·爱因斯坦对光的传播方式提出了新解释，这一发现最终为他赢得了诺贝尔物理学奖。同年，他还提出了狭义相对论和著名的质能方程 $E=mc^2$。

这还不是全部。在几个月的时间里，当时名不见经传的爱因斯坦发表了科学史上最重要的几篇论文。当时的他年仅 26 岁，但一只脚已经跨入了 20 世纪最伟大的科学家行列，当然也跨入了最知名科学家的行列。

爱因斯坦成了流行文化的偶像，只有为数不多的科学家（可能还有牛顿、达尔文和特斯拉）有这样的影响力。1930 年，数千人涌往纽约的一家电影院，就为了观看一部关于他的相对论的电影。[1]

《时代周刊》在 1999 年评选他为"世纪风云人物"时评论道："他是天才中的天才，仅仅通过思考就发现了宇宙并不像它看起来的那样。"[2] 尽管爱因斯坦的头脑的确令人惊叹，但他的故事并没有停留在他不可思议的智慧和单枪匹马的突破这里。

出乎意料的是，在爱因斯坦生命的最后几十年里，他几乎被其他科学家所忽视。他的一位同事形容他是一个"地标而非灯塔"。[3]他因为过去的成就受到认可，但他后来的工作成果却未能再次引起人们的兴趣。

爱因斯坦在给朋友的信中写道："大家都认为我是个老顽固。"[4]他停滞不前了。为什么会这样呢？因为他不再听取别人的意见。

想想爱因斯坦在苏黎世读本科时，他的一位教授说过的话："爱因斯坦，你有一个很大的缺点，你从不听取别人的任何意见。"[5]这个缺点一直伴随着他。

起初，爱因斯坦的自我确信是他的一种财富，但这最终也导致他排斥新想法。量子力学领域在不断发展，他却没有提出新的理论，他发现自己被挤到了学科边缘。[6]事实证明，即使是我们中的天才，也无法想出足够多的新想法来保证一生都有创新。要想解决我们面临的最紧迫的问题，必须找到一种能让他人的思维为己所用的方法。

我（梅根）想说的是，在我改写自己无法胜任公开演讲的故事时，从爱因斯坦的例子中学到了一些东西。事实上，我知道我已经尽了自己最大的努力，我需要他人的引领、指导和专业知识。

通过使用前面提到的一些技巧，我开始了我的思考旅程。我在便笺簿上写下自己的想法，生动具体地描述我所看到的可能性。一连好几个星期，我每天都在吹头发时大声朗读自己的记录。我在讲述一个新故事，用这个方法给自己的大脑重新编程。

这只是个开始，但还不够。我的叙事人还没有能力帮助我在人群面前演讲。

首先，它多年来给我讲述的故事一直对我不利。我没有上台演讲的经历，所以我很难相信自己能直接走上台，在满堂观众面前做个精彩纷呈的演讲。认可自己的演讲者新身份并不能弥补我在演讲知识和技能上的差距。我需要别人的帮助来学习如何在公众场合演讲，并培养这方面的能力。

我联系了一位专门治疗演讲焦虑的治疗师。我和他聊过抗焦虑药物的事情。虽然我最终没有使用药物，但我了解到了焦虑是如何影响我的大脑的，知道可以做些什么来应对它，这对我有很大的帮助。

其次，我求助了我们内容团队的专家，请他帮我写了一篇演讲稿。出于一些很明显的原因，我之前从未做过这样的事情。我的妹妹玛丽是一名人生教练，她帮助我进一步掌控了自己的思维模式，用充满可能性的想法取代了限制性的观念。

最后，正如我之前提到的，我的好朋友米歇尔·库沙特碰巧是美国最受欢迎的演讲教练之一，我聘请了她来全程指导我构思和发表我的第一次主题演讲。

这些人组成了我的团队。还记得我们在第二章中提到的大脑讲故事的方式吗？有些故事是通过亲身经历获得的，有些是从他人那里得知的。如果我们发现自己缺乏个人经验或认知不够，我们可以从他人那里获得自己所需要的东西，也可以从他人大脑里独特的神经通路中受益。通常，这是帮助我们的叙事人构想更好的故事的必要因素。

来自外部的意见

想要拥有有效领导力，就需要关注个人成长和发展，这离不开来自外部的意见。肯尼斯·米克尔森（Kenneth Mikkelsen）和哈罗德·贾谢（Harold Jarche）在为《哈佛商业评论》撰写的一篇文章中提到："领导者必须适应不断变化的状态，也就是要适应持续不断的测试模式。"[7]一些领导者之所以能处在领导力的顶端，是因为他们乐于倾听、善于学习。

你很难批判自己的思维，因为你只有自己的经验和视角可以依赖。对比之下，其他人知道一些你不甚了解的事情。他们特有的经验和认知能让他们看到你看不见的东西，没有这些东西，你可能四处碰壁，有了这些东西，你可能马到成功。就爱因斯坦的例子而言，不听取别人的意见，他在一个本来也许能受益于他深刻见解的领域变得无足轻重，如果听取别人的意见，他应该能为这个领域做出持续的贡献。

因为我们的出发点和经历各不相同，所以我们的假设也会有差异和分歧，有时甚至截然不同。其他人能构思出我们从未有过的想法。他们看待这个世界及其发展可能的思维模式与我们的不同。

好消息是，尽管在过去，领导者们通常拒绝接受教练指导，因为这看起来似乎是一项补救措施，如今这种观念正在消退，领导者们会在冲突管理、团队建设、授权委派以及其他方面寻求教练的指导。好的教练、顾问或是咨询师可以迅速对你的思维做出全方位的诊断，找到其中的缺陷。他们还可以通过专业的批判性评价来促使你改进。

心理学家安德斯·艾利克森（Anders Ericsson）对体育、音乐、国际象棋和其他领域有杰出表现的人进行了研究，证实了以上观点。他将研究发现发表在《刻意练习》（Peak）一书中，并使"一万小时定律"的说法广为流传。

该定律指出，要想成为你所追求的领域的专家，需要经过一万个小时的练习。

但这并不能精确表述艾利克森的研究发现。想要有所成就，光靠练习是不够的，因为一件事你也可以错误地做上一万次。

但是，有人指导的练习能推动进步。也就是说，如果运动员、音乐家甚至医生能从教练那里获得具体的反馈，纠正他们的错误，他们就能从长期练习的经验中获益。如果没有反馈，进步就会变缓，甚至完全停止。[8]

领导者必须不断成长和提高，成为完成下一目标所需要的领导者。否则，团队会比他个人成长得更快，或者更糟糕的是，团队会被他拖累，无法往前发展。想要确保团队不断成长，你必须在自身发展方面起到带头作用。要做到这一点，你需要外部的帮助。

我（迈克尔）在前面的章节提到过我的高管教练，她问了我一个大胆直接的问题："会不会是你的领导力导致了这个结果？"那次经历完美概括了我们在这里谈论的内容。我需要别人来帮助我得出自己无法得出的见解。我的经验、所处的社群以及想象力总会限制住我的思维。

虽然我的大脑有能力建立超过100万亿个神经通路，但它可能不会这么做。即使有四十多年的从商、婚姻及养育子女的经验，我的认知和经验仍然是有限的，有些想法确实是我自己无法想到的。这就是为什么在我的一生中，我一直要从教练、顾问和老师那里寻求帮助。直到现在我还是会这么做，未来也会一直持续下去。

这就解释了为什么我（梅根）身兼首席执行官、妻子和母亲，即使日程非常繁忙，也从不错过任何一次教练课程。我们需要别人帮助自己形成新想法。为了集思广益，付出代价是值得的。

当然，你并不总是需要为专家的建议付费。多亏有互联网，甚至还多亏有低调的公共图书馆，许多有史以来最具创新精神的思想家的想法，只需浏览网页或翻阅书本即可获取。

然而，这种知识的即时获取催生了一个有趣的悖论。一方面，我们触手可及的信息比以往任何时候都多。另一方面，我们变得比以往更故步自封，越来越倾向于听取与我们看待世界的方法相同的人的意见。[9]

你不可能在封闭的"回声室"里检视你的故事。但当你接触与自己看法不同（甚至可能讲出一个关于这个世界的不同故事）的人的书籍、文章、播客以及其他媒体时，你就有机会抛出新的问题。

你可能会改变自己的故事，也可能不会。不管是哪种情况，你都能更好地了解情况，也更有能力检验你的假设。

从本质上说，我们每次读书、听播客、看视频或交谈时都在借鉴别人的想法。我们把别人创造的故事加载到自己的脑海里。我们可以在脑海里检视这些故事，收获有意义的概念和联系，并将它们融入自己的思维。我们这么做实质上是在从他人的经验和见解中淘金。

找到你的长廊

贝尔实验室（Bell Labs）是美国电话电报公司（AT&T）的研发部门，多年来一直是世界上成果最为丰硕的科研基地。它为全世界带来的创新技术与产品包括晶体管、计算器、长途电话直拨号技术、光纤通信技术、激光器、首个蜂窝式移动电话，等等。

那里的工程师如此高产的一个原因是，各个实验室都通往一条两百多米长的中央走廊。员工们被要求将实验室的门敞开，以便大家的想法能通过这个长廊自由流动。

钻研各种不同问题的人每天都会在这条走廊上碰面。不同部门的人在这里自发交谈成千上万次。可以说，在这条走廊上取得的突破比在各个实验室中取得的加起来还要多。[10]

尽管"横向思维"（lateral thinking）不是贝尔实验室的

工程师们提出来的，但他们运用了这样的思维。它指的是在与你正在处理的问题相邻或平行的领域进行思考的做法。这种思维方式通常发生在（像这条走廊这样的）非结构化情境中。在这样的情境中，拥有不同技能、知识或经验的人可以就与他们自己的工作不直接相关的问题交流意见。

我们有长期的会议领导经验，多年来我们一直都清楚，活动中最具想象力且最富有成效的交流往往发生在会议间隙。全体会议和工作坊通常不乏提供大量信息的优秀演讲者，这总是很吸引人。但真正令人激动的事情往往发生在休息时间。与会者们边喝咖啡边交流时，他们有机会进行横向思维。这就是创造力的火花迸发的时候。

这也是我们总在公司的教练活动中安排同伴互动时间的原因。与会者无一例外地表示，他们的突破性时刻出现在这些自发的同伴互动中。

如果你在现有的环境中没有机会获得同伴指导，你可以创造出属于自己的横向思维环境。这基本上就是我（迈克尔）在托马斯·尼尔森担任首席执行官时所做的事情。我知道我需要与同伴进行交流来分享想法并激发新的想法。

在还没有智囊小组和同伴指导的时候，我决定每季度与纳什维尔地区另外三家上市公司的首席执行官会面一次。我们中的一位会事先准备好要向其他人简要介绍的想法或内

容，随后我们在会面时进行讨论。会议结束时，我总能想出
比来时更多的新点子。这种交流让我获益良多。

问问外部人士

"看不到的显而易见"（invisible obvious）是心理学研究
者贾恩·斯梅斯隆（Jan Smedslund）提出的一个术语，用来
描述文化盲目性，即人们在特定的环境中看不到在局外人看
来是显而易见的东西。[11] 我们所说的"常识"有共同性，只
是因为我们对这个世界有共同的理解，有共同的文化。但其
他人的常识可能和你的常识并不一样。[12]

被引见给其他人时我们当然会微笑，我们当然会给餐厅
服务员小费，我们当然每天洗澡。不是每个人都这样吗？不
是。这些习惯做法在我们的实际经历中根深蒂固，以至于我
们很少留意到它们。然而，它们总会让来自其他文化的人感
到困惑。它们对我们来说习以为常，往往被忽视，但对其他
人来说却很扎眼。

我们都有文化盲点，所以我们看不到可能对其他人来说
一眼就能发现的概念间的联系。无论是国家文化、种族文
化、地区文化、公司文化，还是家族文化，都是如此。很少
有人能从自己司空见惯的经历中看出什么隐藏意义，更不用

说思考出什么。

正如我们前文所说的，有些想法是你无法思考出来的，有些疑问是你无法提出来的，有些结论也是你无法得出的，因为它们根本不会出现在你的脑海中。要想获取它们，你需要和那些和你有不一样的最基本故事的人合作，你需要多样化的输入。

以下是一个典型的商业案例。让·路易斯·巴索克斯（Jean-Louis Barsoux）、西里尔·布凯（Cyril Bouquet）以及迈克尔·韦德（Michael Wade）三位教授在发表于《麻省理工学院斯隆管理评论》（*MIT Sloan Management Review*）的文章中指出，数项研究表明，外部人士的视角对创造突破来说至关重要。他们写道："有学者对发布在创励创新平台（InnoCentive）上的 166 场解决问题竞赛进行了研究，发现获胜方案更有可能来自'意想不到的参与者'，他们的专业领域与问题所属的重点领域无关。"[13]

另一项研究测试了直排轮滑手、屋顶修理工和木匠会如何改良护膝、安全带和呼吸面罩。其中一组参与者里的直排轮滑手、屋顶修理工和木匠分别有护膝、安全带和呼吸面罩的专业知识。出人意料的是，那些最出色的改良出自不具备相关专业知识的小组。

巴索克斯和他的同事们写道："一项独立的众包研究证实了这种边缘性优势。即对于相对复杂且棘手的研发问题，业外人士比业内人士更有可能提出突破性的解决方案。"[14]

为了给大家一个真实人物的例子，巴索克斯等提到了眼外科的先驱人物、发明家帕特里夏·巴斯（Patricia Bath）博士的事例。巴斯的职业生涯可以用一系列令人惊叹的"第一"来概括。其中一项是，她发明了激光白内障手术，成为第一位获得医学专利的非裔美国女性。尽管她的发明前景一片大好，她的同行却很少给她支持或鼓励。具有讽刺意味的是，正因为是业内同行，他们对巴斯的发明视而不见。

巴斯对他人的漠视不予理会，继续推进自己的研究，给眼部护理领域带来了变革，最终获得了数项专利，也赢得了行业认可。巴索克斯等写道："她的技术仍在世界范围内被使用着。"[15]

诸如此类的研究和故事凸显了密歇根大学斯科特·佩奇（Scott Page）教授所说的"多样性红利"（the diversity bonus）。当今社会经济面临的挑战（例如构思、信息技术、制造业、供应链、商业方面的挑战）往往是复杂的，远远超出了任何一个个人的能力范围，或者甚至远远超出了单一学科的范围。领导者和团队需要有多元化的背景和专业知识，以及弥合分歧的能力，才能找到综合解决方案。[16]

想要获得不同角度的见解，还有一些不那么正式的方法。例如，向与你背景或种族不同的熟人征求意见，和与你岗位或专长不同的同事进行交谈，参加与你的工作没有直接关系的会议，甚至阅读外国作家的作品。不管以什么方式，你首先要问自己："谁对这个问题的看法可能与我不同？"

回顾前一章关于头脑风暴的例子。当我们时间有限时会产生一些实用的想法，大家都能轻易达成一致。但它们通常没什么值得大书特书的，也不是我们所期望的创新想法。当有人从局外角度提出一个想法时，魔法就开始了。这个想法也许很精彩，也许很糟糕，但它终究还是值得讨论，甚至是值得争论的。当这种情况发生时，与众不同的新想法会应运而生。如果没有这个想法的激发，没人会想到这些可能性。

所有这些都富有挑战性，这就是重点。如果你不愿意质疑自己目前看待现实的方式，你就不太可能提出更好的新想法，这类想法往往是由不同观点甚至是对立观点汇聚在一起时产生的。

用结果说话

有句被广泛引用的民间谚语是这样的：要善用别人的失败经验，生命有限，你无法亲自经历所有错误。我们可以诚实地说，在我们的职业生涯和事业中，一些最伟大的成就都是通过利用诸如教练、阅读、同伴指导和客户反馈等各种形式的他人思维得到的直接结果。

与他人一起思考极大地改变了我们的事业和生活。如果我们不愿意与他人协商，不愿意接受建议，不愿意向从我们的客户到教练再到员工的每个人学习，Full Focus 不会发展到像现在这样，影响力也会比现在小。

就个人而言，我们也已经看到了利用他人思维的好处。在生活中的各方面，包括我们的人际关系、健康和个人财务状况，当我们积极地让别人来审视自己的想法并找出解决方案时，我们就已经取得了最大的进步。

和他人一起思考也帮助我（梅根）训练了我的叙事人，让它讲出关于我发表公开演讲的更好的故事。就在我决定直面对演讲的恐惧，给米歇尔发了求助短信，团队请我做主题演讲的几个月后，我走上了演讲台，我做到了。

在那场名为"成就"千人活动上，我面对座无虚席的观众发表了演讲。我在台上来回踱步，讲话坚定而有力，点击切换幻灯片，在料想到观众会发出笑声的地方恰到好处地停下来。一切都进行得很完美，现在回想起来，我之前那么费尽心思地避免公开演讲，似乎真的有点可笑。

乔尔说，我没有流露出一丝焦虑，这令人欣慰。我的职业演说家父亲说，他为我骄傲，他自己来讲都不一定比我讲得好。我知道他是在谦虚，但听他这么说感觉真好。让我感觉更棒的是，与会者们通过点评、邮件和短信对我表示感谢，因为我分享的内容对他们的生活而言具有变革性的意义。

如果我只是告诉自己："我是个公众演说家"，并把它写到愿景板上，这一切都不可能实现。为了实现这个想法，我必须利用自己无法获得的知识和专业技能。我需要其他人的帮助。

如果你只愿意思考你目前所拥有的想法，那么你只能取得平淡无奇的成果。这并不是说你没有能力自己解决问题。实际上，思考是人类的一种超能力。无论你是醒着还是睡着，你的大脑都在忙着解决问题，一整天都是如此，每一天都是这样。正如我们在本章中所看到的，这意味着，如果能将更多像你这样的"超级英雄"纳入团队，你就能取得更好的成果。

下一章我们将探索如何提升你的超能力，以便让它更好地发挥作用。

第九章

释放你的思维

    一天晚上，我（迈克尔）伏案写作。找到合适的文字可真不容易，我已经写了好几稿，但似乎还是词不达意。我内心有个声音在告诉我，作为成功人士，不能就此服输，所以在晚上 11 点钟左右，我勇敢又决然地开始起笔新的一稿。

    我太太盖尔察觉到了我的焦虑，问我在忙什么。"我在准备明天的会议演讲，我好像有点搞不定，但我明早 10 点钟就要发言。"

    "迈克尔。"我太太语气温柔但坚定，"去睡吧。到明天早上自然会有办法。"我半信半疑，但也觉得那天晚上不会再有什么进展了。于是，我关上电脑去睡觉了。

    果然，第二天早上 6 点钟，我打开笔记本电脑，发现盖尔是对的。我开始文思泉涌，大约 20 分钟就写好了演讲稿。

    这种现象并不罕见。你自己可能也经历过类似的事情。运用想象力来思考劳心费时，还令人沮丧。有时似乎我们越专注于一个问题，就越难找到解决方案。然而，我们去散会步，吃点东西，或者小憩一下之后，就会发现捉摸不透的答案其实就近在眼前。

为什么这种情况会时常发生？我们怎样才能对这个过程更有把握？

科学哲学家托马斯·库恩（Thomas S.Kuhn）是里程碑式著作《科学革命的结构》（*The Structure of Scientific Revolution*）的作者，他讲述的经历与上文提到的十分相似。在阅读亚里士多德的《物理学》时，他惊讶地发现，这部用来了解宇宙的基础读物似乎充斥着逻辑错误。他想知道怎样才能理顺逻辑。他写道：

> 我继续琢磨那些文字……我坐在书桌前，亚里士多德的《物理学》（*Physics*）摊开在我面前，我手里拿着一支四色铅笔。我抬起头，茫然地从房间望向窗外，当时的情景至今还记忆犹新。突然间，我脑海里的碎片以一种新的方式自行分了类，又各就各位组合到了一起。[1]

"我脑海里的碎片以一种新的方式自行分了类。"这是一幅多么震撼的画面啊！它展现了我们的头脑是如何帮助我们重塑想法的。

库恩的脑海里还是原来那些概念，但他的潜意识以新的方式将它们重新组合到了一起。他的大脑正在建立概念间的新连接，即使它看起来什么都没做。这带来了一个顿悟时刻，解决方案像是从天而降的一样。实际上，大脑已经为这种突然出现的洞察力做了一段时间的准备工作了。

当我们构想或是重构一个故事时，我们并不是在创造全新的东西，而是在已有的概念和情境之间找寻新的联系。神经科学家盖伊尔吉·布萨基表示，当我们面对新事物时，大脑会试图将其与现存的神经通路（想法或故事）相匹配。如有需要，它还会增补或删除现有结构中的连接，以便弄清情况。[2]

"新的想法、解决方案和艺术形式不是凭空产生的。"艾克纳恩·戈德堡证实，"在很大程度上，它们是原先形成的想法、解决方案和艺术形式的元素的新颖组合。"[3]

还记得我们之前说过的吗？每个想法都是由大脑中特定的神经元组合形成的。每个神经元组合都有特定的结构或形状。构思新想法需要重新排布连接或是建立新的连接。在已有想法和经历之间建立新的连接，你就能获得新的想法。

在积极解决问题时，我们很大程度上会依赖大脑的前额叶皮层，我们用它来进行有意识思考。前额叶皮层喜欢通过重组一些信息来创造新想法，它在这个过程中表现出色，这有点像是用曾经被组装成房子的乐高积木来搭建一架飞机。[4]

但对于你的大脑来说还远远不止如此。无论你是否在思考如何给概念分类，你的大脑都会参与到这个过程中。为了突破你的默认思维方式，特别是当你被一个问题困住的时候，你需要动用庞大的神经元网络，而这个网络很大程度是在你的有意识思维之外发挥作用的。

你的另一半大脑

我们通常认为脑力就是自己对某个想法或问题进行认真专注思考的能力。但大脑也会在潜意识层面工作。因为潜意识思维利用了有意识思维没有用到的庞大的突触网络，它常常能提供有意识思维想不到的突破性解决方案。

如果你的有意识思维像只野兔，敏捷又审慎，但容易疲惫，那么你的潜意识思维就像只乌龟，缓慢又乏味，但永不停歇。

科学家们发现，大脑的运作方式比我们过去认为的要多得多，这些运作方式的作用也比我们过去所知道的要大得多。[5] 例如，在思考一个问题时，左脑会与更实用的解决方案建立明显的联系。同时，右脑在寻找更新颖的方案。准确地说，这些新颖的方案是由位于右耳上方的一小块脑组织（右前颞上回）的神经活动增强而产生的[6]。

所以，大脑的左半球的确更适合分析性思维，而大脑的右半球更适合自由发散性思维，能产生更多创新想法。但实际上，这两种类型的思维更多是与神经网络或模式相关，而并非仅与特定的区域相关。[7]

在你的大脑中有两个神经元网络（或模式）。执行网络（或模式）是由你的有意识自我来指导的。它会认真考虑你告诉了它什么。这是一个大脑左半球主导的自上而下的神经网络，它喜欢分析、秩序、熟悉的模式和可预测性。

默认网络（或模式）是自导向的。这是一个大脑右半球主导的自下而上的网络，它喜欢新奇和创意，主要在你的潜意识中运作。[8]当然，你并不是真的有两个独立的大脑，这是你大脑中以不同方式运作的两个神经网络。

为了找到解决问题的创造性办法，你需要让大脑的默认网络运行起来。这个由慢放电神经元组成的庞大网络具有很强的适应能力。它可以永无止境地进行重新配置，提供新的想法和连接。[9]当然这比有意识地思考要花费更多时间，但作用很大。

众所周知，达·芬奇在创作《最后的晚餐》（*The Last Supper*）时，会出其不意地停下来。他有时会花半天的时间无所事事，沉浸在自己的思绪中。他的赞助人对此颇有微词，他希望达·芬奇能时刻手握画笔，就像在外面干活的那位园丁一样。但达·芬奇说服了他。根据文艺复兴史学家乔尔乔·瓦萨里（Giorgio Vasari）的说法，达·芬奇的理由是这样的：

> 最伟大的天才有时工作更少，成就却更多，因为他们在头脑中寻找创意，形成那些完美的想法，然后用他们的双手把先前用思维能力构思出来的东西表达并再现出来。[10]

换句话说，没在工作的时候其实也还在工作。这是怎么做到的呢？

瓦萨里所说的"寻找创意"和"形成那些完美的想法"已是很好的印证。当达·芬奇手握画笔作画时，他执行着自己的计划，表达并再现他想象到的东西，但首先他必须想象一下。这就需要他离开画布，释放他的思维，飞快地翻阅脑海中的形状与颜色清单。

达·芬奇的有意识思维让他知道了自己的创作方法所面临的挑战和问题，其中一些挑战和问题让他止步不前。而当他带着困惑离开画布，让思绪天马行空，或是漫无目的地去做其他事情的时候，他的无意识思维便可以自由地继续寻找创意并形成完美的想法。

这可能会花费几个小时，但当确定好的想法出现时，达·芬奇就能拿起画笔继续创作。这个故事的关键就在于他从未停止工作。

默认网络使用了我们在第一章提到的那些小"守护进程"。它们和叙事人一样，在你吃饭、睡觉或洗澡时四处搜寻你的经历、记忆、故事、概念和联系。在这些看似不需要动脑筋的活动中，你的潜意识其实在浏览深埋在你头脑中的海量想法。它尝试概念间一种又一种的联系，搜寻一个能够更好地理解你的实际经历的想法。当它找到一个时，会喊着"有了！"并将这个想法提交给你的有意识思维。

这些意外获得的见解不是集中思考的产物，不是什么神秘的创造性天赋的产物，也不是依靠运气而得来的。这些富有想象力的见解是由你的潜意识在获得恰当的思考机会时产生的。

工作与休息

执行网络和默认网络并不是同时运行的，它们你方唱罢我登场。当我们专注于一个项目并埋头苦干时，自己的执行网络就在发挥作用，而当我们从一项任务中抽身而出时，默认模式就开始接管。

"当你的头脑处于休息状态时，它实际上是在让想法来回翻滚。"神经科学家南希·科弗·安德里亚森（Nancy

Coover Andreasen）说，"你的联合皮层总是在后台运行，但当你没有专注于某项任务时，例如，当你在做一些诸如开车之类的不用动脑筋的事情，也就是你的思绪最自由的时候，可以四处漫游。这就解释了为什么这样的时候你最能积极活跃地创造出新想法。"[11] 用计算机科学的语言来说，这些都是你的大脑在后台运行的操作。

出现顿悟时刻通常是这两个网络协同交互作用的结果。因此，为了激发你的创造力，让这两个网络间交替切换是十分重要的。你需要一段时间来专注于一个问题，也需要一段时间来让你的有意识思维得到休息。[12]

这么做如此有效的原因是：当你积极思考一个问题时，你的执行网络会调用相关的概念来进行思考。当你切换到默认网络，你的大脑会继续这个过程。但请记住：这些概念是由你大脑中的神经点表示的，存在于你默认网络下的不同区域中！这意味着你的大脑正使用不同的通路来连接同一组神经点。[13]

把你的执行网络想象成州际高速公路，公路上车辆的速度很快，图 9-1 呈现的是从 A 点到 B 点最便捷的路径。想象一下在高速公路上，例如，在 70 号州际公路上驶向特定目的地。如果出现交通堵塞或是道路封闭怎么办？如果你无法在 70 号公路上从 A 点到达 B 点怎么办？没有关系，因为能到达 B 点的道路还有 38 号州级公路、36 号国道、琼斯伯勒的派克公路、300 号县道、州街和彭德尔顿大道。还有许多其他路线能抵达那里，只是会让你多花一点时间。

默认网络不像执行网络那样只是单轨思考，它会寻找各种可能永远不会在你的有意识思维中出现的解决方案。这需要一点时间，但只要有足够的时间和空间，它几乎肯定会取得突破。

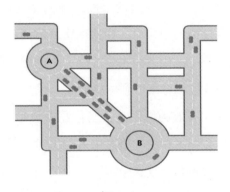

图 9-1

你能缩短这个过程需要花费的时间吗？有时可以。你的默认网络经过一段时间的深思熟虑后表现最好，解决问题最有效。[14]原因很简单：当它知道自己在寻找什么时，就能找到更多的解决方案。有意识思维缩小了焦点，默认网络就更加清楚该从哪里开始。

这有点像在线搜索。在互联网出现的早期，搜索就像在文件柜里翻找资料。例如，在 20 世纪 90 年代中期，要在雅虎网上找东西，你需要从类别链接列表开始，然后打开其中一个，打开子链接列表，如此反复，烦琐又枯燥。

之后一代的搜索引擎是基于关键词的。引擎会在整个互联网上搜索，找出有这个关键词的所有网页。以"拳击手"为关键词，搜索结果中有男士内裤，也有拳王阿里。这里就引出了关联性的问题：怎样才能找到那些与你的查询直接相关的最有用的网页呢？

这时，斯坦福大学的两名研究生便登场了，他们是拉里·佩奇（Larry Page）和谢尔盖·布林（Sergey Brin）。根据一位教授的建议，佩奇决定研究互联网的反向链接，即从其他网页连到目标网页的链接。佩奇和布林意识到，网络上的链接大致相当于其他学术作品对某篇学术文章的引用；其他学者引用你的文章的次数越多，它就会越重要或越相关。这是个颠覆性的见解。由于考虑了相关性，基于反向链接的搜索结果网页排名比单纯基于关键词的排名要可靠得多。于是，网络爬虫（BackRub）搜索算法就此诞生，它就是谷歌搜索的雏形。[15]

佩奇与布林的重要发现就是我们在前两章讨论过的那种创造性思维的有力例证，也向我们展示了大脑一直在默默做着什么的画面。用乔尔乔·瓦萨里的话来说，它是在"寻找创意"。

你可以花一点时间思考自己正在处理的想法或问题来预编程默认网络的工作。这些有意识思维会成为你默认模式搜索算法中的反向链接，它们会启动你的默认网络来寻找特定的相关联系，让其更有可能找到这些联系。

要想在一个问题上获得更多创意想法，可以先思考一下这个问题，然后停下来，让你的大脑进入默认模式，让它自行工作。正如我们接下来会看到的，长期来看，让你更有成果的一种方法就是有规律地进行锻炼和休息。

优化你的大脑

2009 年，为了确定有规律的锻炼对学习是否有影响，有研究人员对 1271 名 5~9 年级的学生进行了研究。他们发现，每周有规律的锻炼超过 4 个小时的孩子在标准化测试中的得分明显更高。[16] 你可能已经注意到，在快步走或是畅快的锻炼后，你的思考、解决问题及记忆细节的能力都会有所提高。

那么原因何在呢？这就要用到脑化学的知识来解释了。大脑中的突触既有电学特质又有化学特性。每个突触接收电流，将其转化为化学物质，然后再将其转为电流。这些化学物质叫作神经递质，是身体的信使。它们将电信号从一个神经细胞传递到另一个神经细胞，或其他类型的细胞。

事实证明，锻炼可以刺激身体产生血清素、去甲肾上腺素和内啡肽这些神经递质。精神病学教授约翰·瑞迪（John Ratey）认为，肌肉活动还会产生蛋白质，这些蛋白质通过血液进入大脑，"在我们最高级别思维过程的作用机制中扮演重要角色"。[17]换句话说，锻炼对你的大脑有益，能帮助你思考。

此外，压力对我们获得创意想法来说有同等水平的不利影响。它会破坏神经细胞间的连接，甚至会使大脑中的某些区域萎缩。[18]这也许可以解释为什么你在思考一个问题太长时间并且因找不到解决方案而倍感压力之后，可能会有"脑死亡"的感觉。

正如瑞迪所说："大脑的反应就像肌肉一样，用进废退。"而体育锻炼会产生能增强大脑功能和促进大脑细胞生长的关键化学物质。

实际上，瑞迪将一种特殊的化学物质，即脑源性神经营养因子称为"大脑的肥料"，因为它们能促进学习并帮助新生脑细胞生长。这些因子储存在突触附近的储备池中，在锻炼时会释放出来。[19]

这些都意味着你的大脑在锻炼后比锻炼前运转得更强劲有力。骑车或举重后，你会感觉大脑中充满了新想法，这绝非偶然。你的大脑和身体显然是密切相连的。当你的身体处于最佳状态时，你的大脑也会如此。

要想激活你的思维，就得激活你的身体。无数的研究已经证明，坚持锻炼能极大地促进你学习新概念、回忆信息和解决问题的能力。

即使只是去室外散一会儿步也会提高你的认知功能。再苦苦思索那个棘手的问题一小时，实际上可能只会阻止你找到解决办法。学习达·芬奇的做法，从问题中抽离出来。最好是出去快走一会儿，给你的大脑充充电，然后让你的默认网络接管工作。

在解决问题的过程中保持放松和愉快也有助于潜意识思维的运转。你可以不直接思考问题，而是以看似违反直觉的思维模式去处理它，从而为之后的意外发现埋下伏笔。[20]

休息、玩耍和闲散在解决问题方面是有价值的。它们是用于心理保健的习惯做法，可以缓减压力，让头脑得到休息，让它在更深入更缓慢的默认网络下运作。

睡眠也同样重要。研究表明，睡眠对人的认知功能有直接影响，尤其是在学习和记忆的能力方面。神经科学家马修·沃克（Matthew Walker）认为，在你入睡后默认网络仍在兢兢业业地工作，当你处于梦乡时更如此。快速眼动睡眠通常发生在你睡眠周期的后期，接近早晨的时候。此时你的大脑正忙于信息分类、处理和理解你的记忆。[21] 这正是我们在第一章学到的确立意义的过程，在这一过程中，你的大脑通过在你的经历间建立连接来塑造故事。

睡眠不足会产生脑雾、判断力减退、记忆困难等负面影响。专家建议每晚至少要有 7 个小时的睡眠，以保证身体和大脑功能处于最佳状态。

小憩也可以让大脑进入默认网络中，因此我（迈克尔）多年来一直提倡午睡。午饭后睡上二三十分钟可以让自己的思维更敏锐，思路更清晰。

当然，那次写作瓶颈也是在一夜好眠后突破的。当我和我的叙事人终于停止工作去睡觉时，我大脑的默认网络开始工作。无论是简单地参与一项爱好，上床睡觉，还是只是想一会儿其他的事情，调动默认网络为你工作可能是你今天所做的最有成效的事情。

并不是每个漫步者都会迷失方向

前阵子我（梅根）和乔尔驱车去了明尼苏达州的罗切斯特，再返回田纳西州的纳什维尔。我们原本计划坐飞机去的，但发现日程安排上出了问题，我们晚了大约一小时，没赶上飞机的时间。乔尔喜欢开车，他提议我们改成开车去。

我对此并没太多兴致，但我们也没有太多的选择，于是就这样出发了。

来回车程大约要 24 个小时，这给了我们充足的时间来思考和对话。有 GPS 导航，我们的车辆不会偏离路线，但我们的讨论并没有既定方向，从度假到育儿到工作，再回到育儿，然后是书籍、朋友、音乐，最后是我们出发前一直在设计的新产品。当我们在自家车道上停下时，我们已经勾勒出了产品的主要性能。几周后，在其他团队成员的帮助下，这个产品顺利发布了。

从"天呀，从这里到我们家，种了这么多玉米"到"我觉得我们可以在下一季度发布产品"，我们的话题跨度如此之大，这些究竟是如何做到的呢？这些话题之间确实没有直线相连，但却存在着一条共同的主线。

我们闲聊漫谈的每一个元素都像一层层的垫脚石一样，引领我们一步步靠近能实现想法的新发现。从只是开车出行到构思产品的发布，我们不是一步跨越的，而是一小步一小步达成的。老实说，如果乔尔说："嘿，接下来的 8 个小时我们谈谈工作吧。"这一切就不会发生。然而，每次迈出一小步，我们就能获得一个之前从未想到过的令人兴奋的新想法。

这通常是解决问题的方式，在使用默认网络时尤为如此。相邻概念间的联系成为伟大发现的垫脚石。

这就是史蒂文·约翰逊提到的"相邻可能",这一概念是由科学家斯图亚特·考夫曼(Stuart Kauffman)最早提出的。从一个想法到另一个想法的大跨度跳跃通常不会发生,我们应该做的是怀抱着可能性的希冀,一步步地把自己推向我们已经认定的真相。"关于相邻可能的一个奇怪又美妙的真相是,它的边界会随着你的探索而扩大。"约翰逊说,"每一种新的组合都会为相邻可能带来新的组合。"[22] 这就是为什么即使是"错误"的答案有时也是正确的,因为它们能让你更接近那些将来会确有成效的东西。

你的默认网络擅长让思维带着目的漫步。思维到处游走并不意味着心不在焉。给思维一些漫步的机会才能向极具创造性的解决方案小步迈进。

在概念间形成新的关联是一个思维过程,这在很大程度上是发生在潜意识中的。虽然有些技巧可以加快这个过程,但还是不能操之过急。重塑你的故事需要坚持不懈,但不需要让这件事全天候都在你的脑海中占据中心地位。这就是为什么达·芬奇在放下画笔之后仍然能取得进展,因为即使他本人不在工作,他的大脑还在工作。

你已经掌握了全部或大部分的概念,就是那些你试图理解的经历和想法。你也知道了所处情境中可能的变量,这些都是你在检视阶段列出来的。现在，你要尝试不同的组合，寻找新的方法来用同样的材料表达不同的意义。这是一个整理排序问题，为了在整理排序和重组工作中获得突破，有时你需要置身事外，让思维自由漫步。

我们大多数人都有过在某一刻灵光乍现的经历。一夜安眠、洗个澡或是在公园散步，似乎都能激发额外的创造力。现在你了解了大脑庞大的默认网络以及它是如何运作的，你已经能更好地让自己的潜意识思维成为解决问题的盟友。当你这样做时，你会更加顺理成章、胸有成竹地经历那些顿悟时刻。这无关运气或魔法，纯粹是大脑的工作方式使然。所以，时不时地休息一下，让你的大脑去做它最擅长的事情。

┤ 行　动 ├

回到你在（从 fullfocus.co/ self-coacher 网站下载的）"Full Focus 自我教练"文档上写下的故事。你知道怎样利用细节来讲述一个更好的故事了吗？

你能提供哪些新的细节和见解？你可以向谁请教？现在你已经开始在有意识思维中处理这个问题了，如果你去睡一会儿或是散个步，会发生什么呢？

利用你所学到的，构思一个更有用的新故事吧。

到目前为止我们了解到了什么

▶ 提出一些可能性的问题让我们有机会去探索和发现，这是想象力的核心。

▶ 有时，激发突破的方法是把思维一直往上调到"疯狂"模式，然后再将其调回一档。

▶ 创意产生于新颖性和实用性的交叉点。

▶ 有些想法是你无法思考出来的，有些疑问是你无法提出来的，有些结论也是你无法得出的，因为它们根本不会出现在你的脑海中。要想获取它们，你需要和那些和你有不一样的最基本故事的人合作。

▶ 想要在一个问题上获得更多创意，就不要再思考它了。

这和我们从本书开头就开始讲的故事有什么关系？

▶ 叙事人利用我们过去通过亲身经历获得的或从他人那里得知的一切来帮助我们实现未来的目标。

▶ 它通常是个好帮手，但有时也会将我们引向歧途。

▶ 当我们感到困顿或是希望自己正在经历的事情有更好的结果时，我们要学会质疑自己的叙事人。

▶ 我们可以通过检视自己讲述的故事，然后构想更好的故事来质疑我们的叙事人。

▶ 随着时间的推移，我们可以训练叙事人讲出更好、更有帮助的故事。

第十章

让叙事人成为你的盟友

芮妮·班格斯多夫（René Banglesdorf）的父亲在她年幼时就向她传递了一种思想。他说："芮妮，任何事情，只要你下定决心就能做到。"这在后来成为她一生的指导力量。长期以来她一直对此深信不疑。她在学校里表现出色，在朋友中很受欢迎。从高中到大学，她都是一名高成就者。

二十多年很快过去了，在一次意外怀孕后，芮妮从大学退学，组建了家庭。她的丈夫库尔特是一名私人飞机销售经纪人。他请芮妮帮忙推销业务，她就这样重回了职场。

几年后，这对夫妇以平等合伙人的身份创立了自己的公司。芮妮在打造公司品牌、界定为客户提供服务的范围和开发新客户方面的工作产生了立竿见影的成效。她在业内开始声名鹊起。

"然而，我总是首先把自己看作一名女性，一名在男性主导的行业里的女性。"她说，"我很擅长和他们打成一片，不会轻易被他们说的话惹怒，即使我可能本该感到被冒犯。"

那个相信自己能在任何事情上都能取得成功的小女孩已经成为一名非常能干的精英女性，但她还是将自己视为一名辍学的大学生，一个在男性主导的世界中的局外人。

有一天，她突然之间如梦初醒。

"当时我在伦敦参加一个会议。"芮妮解释，"我和我的几个男性朋友在会场边闲逛，要说他们是我的朋友，不如说他们是我先生的朋友。当时我想，为什么我要站在他们交际圈的外围？我甚至都不是这个圈子的一分子。"

那一刻的幡然醒悟使她开始重新思考该如何定位自己在这个世界上所处的位置。

"我决定去找其他女性，我要建立自己的圈子。"她说，"于是，我离开了那群男人，开始向其他女性介绍自己。我的一些想法也随之改变。我开始把自己的女性身份视作一种优势。我不再试着融入男性圈子，而是决定欣然接受自己与他们的不同。"

那一刻的决定改变了芮妮的一切。她现在说："我想要有所作为，不仅仅要在行业内做出名堂，而且作为一名女性，还要为同行业的女性做点什么。"

芮妮在工作中愈加果断坚定。当她在监管事宜方面做得相当出色，由她取代库尔特出任公司领导对公司更有利时，她同意这么做了。不久之后，她的知名度迅速提高，她为女性争取权利的消息也逐渐传开，这些都让她广受关注。

她受邀参加企业和非营利组织的董事会，在她以前没有资格参与的场合发言。她还被任命为联邦航空管理局的女性航空顾问委员会成员，曾向联邦航空管理局和国会提议增加航空业的女性从业人数。"有很多女性对我说：'非常感谢你能站出来，你是我们的楷模。'"这其中也包括她的女儿，她是一名职业飞行员。

芮妮的故事鼓舞人心，我们也能从中看出她的叙事人在她人生不同阶段的演进。请记住，叙事人将我们的经历和记忆联系起来，为我们所面临的所有情境塑造故事。起初，芮妮的叙事人有一个主要的故事来源——她的父亲和他的百般鼓励。这个故事激励她在高中阶段表现优异，在大学阶段也能有良好的开端。

后来芮妮从大学退学，组建了家庭，她对此并不后悔，她的叙事人启用了一个新的故事主题："芮妮是一个没有职业的妈妈。"因此，不出所料，她重返商界时怯生生的。她业绩出色，却仍然觉得自己是个局外人。

然后，顿悟时刻出现了。行业会议上的经历让她突然意识到，自己的女性身份和行业局外人角色不是障碍，而是优势。这个想法不是经过数小时的集中思考产生的。

这是在电光火石间，在她大脑的默认网络数月甚至数年幕后工作的基础上产生的想法。她大脑中的小"守护进程"一直在寻找能更好地理解她的生活的方法，在进行了无数次神经连接后，"有了！"P3波突增，触发了有意识思维，新的想法就此诞生。

叙事人现在有了一个对芮妮的生活来说更积极有用的新故事，这让她对自己和所处的世界有了不同的看法。这个新故事更贴合她自己和她生活中的实际情况。转变随之产生。不论在她的行业中还是在女性商人中，她都开始将自己视为领导者，她如今确实就是领导者。

芮妮鼓舞人心的觉醒之旅让我们受益匪浅，但其中最重要的也许是这一点——你不会被自己的故事所困，你可以训练你的叙事人来为你的人生创造更新、更真实的故事。

创意写作入门

当我（梅根）决定欣然接纳公开演讲，将其视为自己工作的一部分时，我基本上就是这么做的，因为我意识到，演讲能成为我领导生涯中的一项宝贵工具，退避只会限制自己的成功。这是一个相当简单的决定，由我和我的前额叶皮质一锤定音。

然而，当时我的叙事人并没有接受这个决定。多年来，我脑海中一直充斥着恐惧，我担心在公共场合开口讲话就会发生可怕的事情。你会说不出话，人们会笑你，你会尴尬难堪，会笨嘴拙舌，事情会变得一团糟，所有人都看着你出丑。正如你所见，叙事人的故事聚焦于恐惧，它很有说服力。

几周以来，我试图通过重复自己之前提到的肯定的话语来重新训练我的叙事人。这个方法有一定效果，我的焦虑也逐渐得到缓解。

但就在我演讲的前一天，我的叙事人进行了竭力反击，杀得我措手不及，它讲述着有关恐惧和失败的陈旧故事，这招奏效了。在最后一次试音后，我彻底崩溃了，我的恐慌症发作了，我号啕大哭，甚至开始计划逃离这个国家，逃离所有的工作。我害怕让我的团队蒙羞，害怕玷污家族的名声，也担心毁掉公司，担心让自己难堪。这完全是一团糟。

好在我的妹妹玛丽安抚了我，说服我别做傻事。到了第二天，她充当了我的叙事人，向我头脑里灌输那些剔除了恐惧的积极故事。我恢复了平静，睡了一觉，然后按照我设想的那样顺利地进行了演讲。

有趣的是，我的叙事人对此毫无反应。我在它充满恐惧和失败的故事正中央放置了一个巨大的成就。它也没有卷土重来。我已经写出了一个新故事，旧故事已经失去了意义。

从那之后，我不得不又演讲了几回。我还是会紧张，有时我会觉得不自在，胸口还会泛红。但大多数情况下，我都置之一笑，照样演讲。因为我的叙事人有了不同的构思故事情节的材料，演讲对我来说比以前容易了。我的记忆中不再充满失败和恐惧，取而代之的是演讲成功、受观众欢迎的场景。这就是我的叙事人现在向我讲述的故事。

对很多人来说，我们最想要的东西就在舒适区外。我们的叙事人会比任何人都更敏锐地感觉到不适。然而，通过一步步往我们的经历库里增加新材料，我们为叙事人提供了更好的素材，它也就能为我们讲述出更好的故事。

正如 E.L. 多克特罗（E. L. Doctorow）所说，写小说就像"在夜晚开车，你永远看不到车灯照亮之外的地方，但你可以用这样的方式走完全程。"[1] 生活也是这样，你只需要一次迈出稍微有点令人恐慌的一步，然后不断重复，直至抵达目的地。你迈出的每一步都会为你的叙事人讲述下一个故事提供更有希望的情节。

大声说出你的故事

我（迈克尔）的高管教练质疑我的说辞，要求我评估我的领导力如何影响业绩之后，我学到了另一个重新训练叙事人的技巧。

在那一刻，我除了不得不对业绩不佳承担起责任外，还看到了驱动我思想、情绪和行动的故事。不知不觉中，我在生活中的每个方面都把叙事人讲的故事当成了绝对事实。因为我完全没有注意过这些故事，从来没有想过可以质疑它们。

当销售额下降时，我会责怪经济低迷。当我身体出现问题时，我会觉得这对我这个年纪的人来说很正常。如果我累了，我会告诉自己，我无法改变我的精力水平。我对所有这些故事深信不疑，就好像它们是我的人生信条一样。

在受到教练的质疑后，我开始关注出现在自己生活中的每个方面的故事。我原来并没有意识到，我之所以消极应对所面临的许多问题，是因为我的叙事人告诉我："你对此无能为力。"

现在我擦亮眼睛，看到了叙事人的角色和驱使我做出决定的故事。我能够审视这些故事并提出质疑。我开始在内心进行对话，询问它们的起源，质疑它们的真伪，探究自己相信它们的原因。实际上，我大声说出了这些故事，又将它们写下来，以便更透彻地了解自己的想法和感受。我养成了每天写日记的习惯。

事实证明，我的叙事人在大多数时候是一个可靠的盟友，但也偶有例外。一些我认为是真实的故事其实并不真实，或者与我目前的人生阶段不再相关。我开始将自己的健康、人际关系和商业决策更牢固地掌握在手中。我能够编辑、改写或更换掉一些阻碍自己取得成功的观念。

如今，我正处于一生中最佳的状态。我与我太太的关系比以往任何时候都好。在事业上也获得了前所未有的满足感。所有这一切都可以追溯到我意识到自己误将叙事人的故事默认为真实的那一刻。

重新看待畏惧

我们的潜力仅仅受制于自己的想象力。当我们从那些限制自己潜能的故事中挣脱出来，我们就能取得进步和成就。当我们检视叙事人向我们灌输的想法并将其更新得更准确、更有用时，我们的生活轨迹就改变了。每一位伟大的创新者都曾有过这样的历程，只是各有各的版本。

这个世界是动态变换的，不是静态不变的。我们每天都在创造新事物。昨天的新奇魔法到了明天就成了过时黄花。过去有效的方法放到现在可能就行不通了。这种想法可能会令人不安，因为它与我们追求安全感和确定性的本能愿望背道而驰。我们渴望稳定，这样就能明确知道每天、每时、每刻会发生什么。我们依赖这种确定感来获得采取行动的信心。

在我们的观念中，确定感可能就像是把你的世界里所有的乐高积木块都井井有条地黏合在一起，每个结构、每个关联、每个地方都不再变动，也无法变动。这会带来一定程度的保障，制度永远不会动摇，关系永远不会衰退，你的世界永远不会崩塌，也不会改变。在一个静态的世界里，不可能出现新的组合，不会有改进的可能，不会有发展。对你而言也是如此。[2]

不确定性让人心生畏惧。它会破坏黏合好的积木，摧毁或至少质疑现有的结构。每天早晨醒来，我们都知道世界上的某个角落已经和前一天有所不同。尽管不确定性可能会令人不安，但它不是敌人，因为它指向的并非混乱无序，而是种种可能。

在一个一切都在动态变换的世界里，一切皆有可能。有信心去融入这个世界，并根据需要重塑我们的故事，是比确定性更有价值、更令人安心的资产。一旦我们接受了改变的必然性，就没有必要继续受限于无效的策略和行动。相反，我们可以有效地应对迎面而来的任何事情。选择权在你手中。

要做出选择，就需要改变视角。我们必须把不确定性看作是杠杆，而不是障碍。相比起墨守成规的人，那些能学会忍受不确定性带来的短暂不适的人，将会在事业、人际关系和生活中取得更好的成就。

反过来也如此。重新思考生活方式和构思新的解决方案是一个动态过程，那些拒绝参与这一过程的人将继续停滞不前。这种做法只会让令人满意的结果越来越少，挫败感越来越多，到最后，你甚至会有生命不知何故悄然而逝的感觉。

选择重构我们的想法需要我们克服畏惧。转变视角具有挑战性，承认我们的故事不能再指引我们的人生方向是件可怕的事情。我们都（像身处圈子边缘的芮妮那样）倾向于对那些自己已经熟悉的故事倍加关注，即使这些故事对现实的描绘已不再有意义。

但我们得做出选择：要么接受一些不确定性以及随之而来的改变的可能性；要么退回到如今看来越来越像虚构的旧故事中。

不止你一人要做出这样的选择。你的身边有一群创新思考者，他们愿意承认所需要的答案尚不存在。最好的做法是与那些同样致力于探索、创造和成长的人结伴同行。

选择了重新构思你的故事，你就选择了主动出击而非被动接受。接受现状总是更容易，即使它不合你意，因为这样你就不需要担责。如果这个世界是无法改变的，那么你当然也无法改变它。如果我们承认事情并非只能是现在这样，是可以通过改变思考问题的方式来改变现实的，那么改变的责任在某种程度上就落到了我们的肩上。我们必须选择对自己在意的事情采取行动，追寻目标，并将其实现。

最终，这个选择会为我们自己构想和创造出更美好的未来。这将意味着我们需要首先检视自己的故事，以便更清晰、更真实地了解自己面临的问题，这是项艰难的工作。然后，我们必须重新构想一条新的道路，这个任务同样艰难，有时还漫长乏味。

总有更好的故事

17 岁的攀岩者休·赫尔双腿被迫截肢，但他有勇气设想自己没有双腿的生活。你知道结果，他能拒绝那个会限制住他的，认为他再也不能攀岩了的故事。他设想能有一套性能更好的全新假肢，然后将其制作了出来。他重新踏上了攀岩之路。这是个震撼人心的故事。

但赫尔的故事到这里并没有结束。他继续研究机械工程和生物物理学，成为世界上仿生假肢研发者中的佼佼者之一。他如今在麻省理工学院工作，开发了人造膝盖和人造脚踝，帮助那些从未想过自己能走路、跑步或攀爬的人恢复了行动能力。

"我们已经了解到，有人在使用这个设备几个月后减重近 30 磅，因为他走的路比之前更多了。"赫尔说，"还有人已经不用残障标牌了，所以这个设备已经对他们生活质量的提升产生了深远的影响。"

到这里，故事还没有结束。"我预测，在 21 世纪，我们将在假肢设计上看到的变化将是，人造假肢与生物人体的连接更加紧密。"赫尔预测说，"假肢将会通过钛轴与人体进行机械连接，这根钛轴能直接融入残肢的骨头，人造假肢就取不下来了。"

这还不是全部。"另一种紧密的连接是电气连接。人体的神经系统将能直接与假肢的合成神经系统进行交流。"[3]谁知道赫尔的脑海里还会冒出什么别的故事呢？

或者说，谁知道你的脑海里还会冒出什么别的故事呢？

我们向你发出邀请，请你接受审视人生的挑战吧。识别出你给自己讲述的故事，检视它们，然后以更忠于内心、更准确反映现实的方式重新构思它们吧。

致　谢

我们在第八章中讨论过利用他人的大脑，写书就是利用他人的大脑的一个案例。书里的想法很少是原创的，大部分是由其他观念综合而成的。这本书尤为如此。

艾琳·米廷是指导我（迈克尔）多年的高管教练，当时她在盖璞国际（GAP International）工作。她是第一个帮助我看清自己的思维、行动和成果之间关系的人。她坚持认为，如果我想得到不同的结果，就必须有不同的想法。这一课被我铭记在心。

我（梅根）也从艾琳和另一位盖璞国际的教练南希·斯隆（Nancy Sloan）的指导中获益良多。在理解工具性思维对业绩的影响方面，她们都给了我很大的帮助。

同样，我们也从布鲁克·卡斯蒂略（Brooke Castillo）的工作，特别是她的自我教练模型中受益。还有伦纳德·蒙洛迪诺和马里安诺·西格曼对大脑科学的介绍，帮了我们的大忙。正是因为看到了这两个领域的交集，我们才迸发了写这本书的灵感火花。

除此之外，我们还从其他许多作家和思想家那里学到了很多东西，他们的名字和著作可以在后面的"延伸阅读"部分找到。正如其中一位作家艾伦·雅各布说的："我们不可能独自一人独立地'为我们自己'思考。"[1]我们得依靠别人已经打下的基础，开辟好的道路，以及收集好的想法。

说到写作资料的搜集，这本书的面世离不开乔尔·米勒（Joel Miller）、拉里·威尔逊（Larry Wilson）和杰西卡·罗杰斯（Jessica Rogers）。我（迈克尔）已经和乔尔共事二十多年了，我想不出比他更有创意的搭档了。几乎没有人比拉里更熟悉我们的想法和框架。而杰西卡则带着她多年的编辑专长加入了我们。他们做了大部分的研究，帮助我们综合大家的想法。

在出版行业中，贝克图书出版社可以称得上是出版业的梦之队。十分感谢德怀特·贝克（Dwight Baker）、布莱恩·沃斯（Brian Vos）和马克·莱斯（Mark Rice）对我们的信任，与你们合作真是一大乐事，与芭伯·巴恩斯（Barb Barnes）和娜塔莉·奈奎斯特（Natalie Nyquist）的合作也是如此。同时，还要感谢我们的作家经纪人布莱恩·诺曼（Bryan Norman），感谢他挑战了我们的思维，支持了我们的事业。

如果我（迈克尔）没有向我的妻子盖尔致谢的话，那就太疏忽大意了。我和盖尔已经结婚四十余年，她对我的思想产生了巨大的影响。我总是最先与她分享我的想法。她从来不吝啬对我的鼓励，但她也会建议我用更加简洁和清晰的文字。

我（梅根）也想在这里感谢乔尔。他不仅对图书项目得心应手，还帮助我掌控我的叙事人。他是我所能想到的最好的人生伴侣。

最后，我们还想感谢 Full Focus 的整个团队。除了上文已经提到的那几位，在撰写本书时，我们的团队成员还包括：迪安·安德森（DeAnne Anderson），考特尼·贝克（Courtney Baker），麦克·博耶（Mike Boyer，艺名 Verbs），苏珊·卡德维尔（Susan Caldwell），欧拉·科尔（Ora Corr），阿莉西亚·库里（Aleshia Curry），特雷·杜纳万特（Trey Dunavant），安德鲁·福克尔（Andrew Fockel），娜塔莉·福克尔（Natalie Fockel），安东尼特·加德纳（Antonette Gardner），达斯汀·盖顿（Dustin Guyton），约翰·哈里森（John Harrison），布伦特·海伊（Brent High），亚当·希尔（Adam Hill），玛丽萨·海亚特（Marissa Hyatt），吉姆·凯利（Jim Kelly），汉娜·莱（Hannah Leigh），伊丽莎白·林奇（Elizabeth Lynch），安妮·梅贝里（Annie Mayberry），林安·穆迪（LeeAnn

Moody），勒妮·墨菲（Renee Murphy），劳拉·尼尔森（Laura Nelson），埃琳·派里（Erin Perry），约翰尼·普尔（Johnny Poole），凯瑟琳·罗利（Katherine Rowley），布莱恩·顺（Brian Shun），布莱恩·斯塔祖奇（Brian Stachurski），艾米·唐克（Emi Tanke），汉娜·威廉姆逊（Hannah Williamson），戴夫·扬科夫斯基（Dave Yankowiak）。

延伸阅读

如果你有兴趣深入研究这个主题，你可以在注释中找到很多方向，但我们想从中提取出对我们最有用的资料，再补充一些能帮助我们形成自己想法的其他阅读资料。我们根据本书的主要框架给它们做了分类。

Gottschall, Jonathan. *The Storytelling Animal: How Stories Make Us Human.* Boston: Mariner Books, 2012.

Storr, Will. *The Science of Storytelling: Why Stories Make Us Human and How to Tell Them Better.* New York: Abrams Press, 2020.

察觉

Barrett, Lisa Feldman. *How Emotions Are Made: The Secret Life of the Brain.* New York: Mariner Books, 2018.

———. *7 ¹/₂ Lessons about the Brain.* New York: Houghton Mifflin Harcourt, 2020.

Buzsáki, György. *The Brain &om Inside Out.* New York: Oxford University Press, 2019.

Dehaene, Stanislas. *Consciousness and the Brain: Deciphering How the Brain Codes Our Thoughts.* New York: Penguin Books, 2014.

———. *How We Learn: Why Brains Learn Better Than Any Machine ... for Now.* New York: Viking, 2020.

Fleming, Stephen M. *Know Thyself: The Science of Self- Awareness.* New

York: Basic Books, 2021.

Frith, Chris. *Making Up the Mind: How Our Brain Creates Our Mental World*. Oxford: Blackwell Publishing, 2007.

Gazzaniga, Michael S. *Human: The Science behind What Makes Your Brain Unique*. New York: Ecco, 2008.

———. *Tales from Both Sides of the Brain: A Life in Neuroscience*. New York: Ecco, 2015.

Goldstein, E. Bruce. *The Mind: Consciousness, Prediction, and the Brain*. Cambridge: MIT Press, 2020.

Lotto, Beau. *Deviate: The Science of Seeing Differently*. New York: Hachette Books, 2017.

Mlodinow, Leonard. *Elastic: Unlocking Your Brain's Ability to Embrace Change*. New York: Vintage Books, 2019.

———. *Subliminal: How Your Unconscious Mind Rules Your Behavior*. New York: Vintage Books, 2013.

Pearl, Judea, and Dana MacKenzie. *The Book of Why: The New Science of Cause and Effect*. New York: Basic Books, 2018.

Ratey, John J. *A User's Guide to the Brain: Perception, Attention, and the Four Theaters of the Brain*. New York: Vintage Books, 2001.

Sigman, Mariano. *The Secret Life of the Mind*. New York: Little, Brown, and Company, 2017.

Tversky, Barbara. *Mind in Motion: How Action Shapes Thought*. New York: Basic Books, 2019.

检视

Bargh, John. *Before You Know It: The Unconscious Reasons We Do What We Do*. New York: Atria Paperback, 2017.

Blastland, Michael. *The Hidden Half: How the World Conceals Its Secrets*. London: Atlantic Books, 2019.

Jacobs, Alan. *How to Think: A Survival Guide for a World at Odds*. New York: Currency, 2017.

Kahneman, Daniel. *Thinking, Fast and Slow*. New York: Farrar, Straus & Giroux, 2011.

Kastor, Deena, and Michelle Hamilton. *Let Your Mind Run: A Memoir of Thinking My Way to Victory*. New York: Three Rivers Press, 2019.

Lakhoff, George, and Mark Johnson. *Metaphors We Live By*. Chicago: University of Chicago Press, 1980.

Macdonald, Hector. *Truth: How the Many Sides to Every Story Shape Our Reality*. New York: Little, Brown Spark, 2018.

Robson, David. *The Intelligence Trap: Why Smart People Make Dumb Mistakes*. New York: Norton, 2019.

Schulz, Kathryn. *Being Wrong: Adventures on the Margin of Error*. New York: Ecco, 2011.

Sibony, Olivier. *You're About to Make a Terrible Mistake: How Biases Distort Decision- Making— and What You Can Do to Fight Them*. Translated by Kate Deimling. New York: Little, Brown Spark, 2020.

Watts, Duncan J. *Everything Is Obvious: Once You Know the Answer*. New York: Crown Business, 2011.

构想

Boaler, Jo. *Limitless Mind: Learn, Lead, and Live without Barriers*. San Francisco: HarperOne, 2019.

Bouquet, Cyril, Jean- Louis Barsou, and Michael Wade. *A.L.I.E.N. Thinking: The Unconventional Path to Breakthrough Ideas*. New York: Public Affairs, 2021.

Eagleman, David, and Anthony Brandt. *The Runaway Species: How Human Creativity Remakes the World*. New York: Catapult, 2017.

Goldberg, Elkhonon. *Creativity: The Human Brain in the Age of Innovation*. New York: Oxford University Press, 2018.

Grant, Adam. *Think Again: The Power of Knowing What You Don't Know*. New York: Viking, 2021.

Heffernan, Margaret. *Uncharted: How to Navigate the Future*. New York: Avid Reader Press, 2020.

Johnson, Steven. *Where Good Ideas Come From: The Natural History of Innovation*. New York: Riverhead Books, 2010.

Kaufman, Scott Barry, and Carolyn Gregoire. *Wired to Create: Unraveling the Mysteries of the Creative Mind*. New York: TarcherPerigee, 2015.

Klein, Gary. *Seeing What Others Don't: The Remarkable Ways We Gain Insights*. New York: Public Affairs, 2013.

Luca, Michael, and Max H. Bazerman. *The Power of Experiments: Decision Making in a Data- Driven World*. Cambridge, Mass.: MIT Press, 2020.

Martin, Roger. *The Opposable Mind: How Successful Leaders Win through Integrative Thinking*. Boston: Harvard Business Review Press, 2007.

Paul, Anna Murphy. *The Extended Mind: The Power of Thinking Outside the Brain*. Boston: Houghton Mifflin Harcourt, 2021.

Postrel, Virginia. *The Future and Its Enemies: The Growing Conflict over Creativity, Enterprise, and Progress*. New York: Touchstone, 1999.

Ratey, John J., with Eric Hagerman. *Spark: The Revolutionary New Science of Exercise and the Brain*. New York: Little, Brown Spark, 2008.

Riel, Jennifer, and Roger Martin. *Creating Great Choices: A Leader's Guide to Integrative Thinking*. Boston: Harvard Business Review Press, 2017.

Sloman, Steven, and Philip Fernbach. *The Illusion of Knowledge: Why We Never Think Alone*. New York: Riverhead Books, 2017.

Thomke, Stefan H. *Experimentation Works: The Surprising Power of Business Experiments*. Boston: Harvard Business Review Press, 2020.

注　释

绪论　大脑会给自己讲故事

1. See Bessel A. van der Kolk, *The Body Keeps the Score* (New York: Penguin, 2014).

2. See, for example, the recommendations in Karyn B. Purvis et al., *The Connected Child* (New York: McGraw Hill, 2007), 197–211.

3. Sebern Fisher, *Neurofeedback and the Treatment of Developmental Trauma* (New York: Norton, 2014).

4. Daniel J. Siegel is an important thinker and practitioner regarding the intersection of mind and narrative. See, for instance, chap. 31 ("Narrative") in his book *The Pocket Guide to Interpersonal Neurobiology* (New York: Norton, 2012).

5. Neuron counts range from 86 billion to 128 billion. Why the discrepancy? It all comes down to how scientists do the counting. We'll be rounding our number to 100 billion. For more on this, see Lisa Feldman Barrett, $7^1/_2$ *Lessons about the Brain* (New York: Houghton Mifflin Harcourt, 2020), 147; and Carl Zimmer, "100 Trillion Connections: New Efforts Probe and Map the Brain's Detailed Architecture," *Scienti)c American*, January 2011, https://www .scienti&camerican .com /article /100 -trillion -connections /.

6. Beau Lotto, *Deviate: The Science of Seeing Differently* (New York: Hachette, 2017), 159.

7. Steven Johnson, *Where Good Ideas Come From: The Natural History of Innovation* (New York: Riverhead Books, 2010), 46.

8. Timothy D. Wilson, *Redirect: Changing the Stories We Live By* (New York: Back Bay Books, 2015), 71.

9. We should add that this is not in lieu of professional help. But if you have smaller-scale issues you can address on your own, this is an excellent way to do it that works in conjunction with professional help.

第一章　向你引见叙事人

1. Judea Pearl and Dana Mackenzie, *The Book of Why: The New Science of Cause and Effect* (New York: Basic Books, 2018), 24.

2. Quotations from Genesis 3:9–13.

3. Pearl and Mackenzie, *Book of Why*, 24.

4. Angus Fletcher, "Why Computers Will Never Read (or Write) Literature," *Narrative* 29, no. 1 (January 2021): 1–28. See also Angus Fletcher, "Why Computers Will Never Write Good Novels," *Nautilus*, February 10, 2021, https://nautil .us /issue /95 /escape /why-computers-will-never-write-good-novels.

5. Leonard Mlodinow, *Elastic: Unlocking Your Brain's Ability to Embrace Change* (New York: Pantheon, 2018), 78.

6. Mlodinow, *Elastic*, 78. See also Rodrigo Quian Quiroga, "Concept Cells: The Building Blocks of Declarative Memory Functions," *Nature Reviews Neuroscience* 13 (2012): 587–97, https://doi .org /10 .1038 /nrn3251.

7. György Buzsáki, *The Brain from Inside Out* (New York: Oxford University Press, 2019), 104, 189, 347.

8. Mlodinow, *Elastic*, 78.

9. Paul Harris, as cited in Ian Leslie, *Curious: The Desire to Know and Why Your Future Depends on It* (New York: Basic Books, 2015), 28.

10. Elkhonon Goldberg, *Creativity: The Human Brain in the Age of Innovation* (New York: Oxford University Press, 2018), 36.

11. Matthew Cobb, *The Idea of the Brain: The Past and Future of Neuroscience* (New York: Basic Books, 2020), 344–47. See also Jonathan Gotschall, *Storytelling Animal: How Stories Make Us Human* (Boston: Mariner Books, 2012), 97.

12. Michael S. Gazzaniga, *Tales from Both Sides of the Brain: A Life in Neuroscience* (New York: Ecco, 2015), 150.

13. Gazzaniga, *Tales from Both Sides of the Brain*, 151.

14. Gazzaniga, *Tales from Both Sides of the Brain*, 153. See also Michael S. Gazzaniga, *Human: The Science behind What Makes Your Brain Unique* (New York: Harper Perennial, 2008), 294–300.

15. Gazzaniga named this function of the brain the Interpreter. To underscore the connection to what we're calling the Narrator, remember what historian Albert Raboteau says: "Narration is ...an act of interpretation." The Narrator/Interpreter is the sense-making function of the brain.

16. Mark Michaud, "Study Reveals Brain's Finely Tuned System of Energy Supply," University of Rochester Medical Center, August 7, 2016, https:// www .urmc .rochester .edu /news /story /study-reveals-brains-finely-tuned

-system-of-energy-supply.

17. Jon Hamilton, "Think You're Multitasking? Think Again," October 2, 2008, in *Morning Edition*, NPR, MP3 audio, 21:07, https://www. npr. org / templates /story /story .php?storyId=95256794.

18. Stanislas Dehaene, *Consciousness and the Brain: Deciphering How the Brain Codes Our Thoughts* (New York: Penguin Books, 2014), 176.

19. Dehaene, *Consciousness and the Brain*, chap. 4 ("The Signatures of a Conscious Thought").

20. Dehaene, *Consciousness and the Brain*, 125.

21. Lisa Feldman Barrett, *How Emotions Are Made: The Secret Life of the Brain* (New York: Mariner Books, 2018), 28; Goldberg, *Creativity*, 84.

22. See Chris Frith, *Making Up the Mind: How the Brain Creates Our Mental World* (Malden, MA: Blackwell, 2007); and Andy Clark, *Surfing Uncertainty: Prediction, Action, and the Embodied Mind* (Oxford: Oxford University Press, 2016).

第二章　你的大脑是如何构建故事的

1. Buzsáki, *The Brain from Inside Out*, 127–28.

2. Bret Stetka, "Our Brain Uses a Not-So-Instant Replay to Make Decisions," *Scientific American*, June 27, 2019, https://www .scientificamerican.com / article /our -brain -uses -a -not -so -instant -replay -to -make -decisions.

3. Buzsáki, *Brain*, 122, 124.

4. Buzsáki, *Brain*, 124.

5. Buzsáki, *Brain*, 126.

6. Frank Schaeffer, *Crazy for God* (New York: Da Capo, 2008), 6.

7. Philip Roth, *The Facts: A Novelist's Autobiography* (New York: Vintage International, 1997), 8.

8. S. I. Hayakawa and Alan Hayakawa, *Language in Thought and Action* (New York: Harcourt, 1990), 19.

9. Alan Jacobs, *How to Think: A Survival Guide for a World at Odds* (New York: Currency, 2018), 39.

10. Nicholas A. Christakis and James H. Fowler, "The Spread of Obesity in a Large Social Network over 32 Years," *The New England Journal of Medicine* 357, no. 4 (2007): 370–79, https://www .nejm .org /doi /full /10 .1056 /NEJMsa066082; and Nicholas A. Christakis and James H. Fowler, "The Collective Dynamics of Smoking in a Large Social Network," *The New England Journal of Medicine* 358, no. 21 (2008): 2249–58, nejm. org / doi /full /10 .1056 /NEJMsa0706154.

11. James H. Fowler and Nicholas A. Christakis, "Dynamic Spread of Happiness in a Large Social Network: Longitudinal Analysis over 20 Years in the Framingham Heart Study," *BMJ* 337 (2008): a2338, https:// www .bmj .com /content /337 /bmj .a2338.

12. Jacobs, *How to Think*, 87.

13. Steven Sloman and Philip Fernbach, *The Knowledge Illusion: Why We Never Think Alone* (New York: Riverhead, 2017), 13.

14. Robert A. Burton, "Our Brains Tell Stories So We Can Live," *Nautilus*, August 8, 2019, https://nautil .us /issue /75 /story /our -brains -tell -stories -

so - we - can - live.

15. Lotto, *Deviate*, 159–60.

16. Lotto, *Deviate*, 38–40.

第三章　大脑在做的大工程

1. Jennifer Griffin Graham (@jgriffingraham), "My kid discovered you can photocopy anything and now he's trying to prank me," Twitter, July 17, 2021, 4:03 p.m., https://twitter. com/ jgriffingraham/ status/ 1416488778122866690; "5-Year-Old Kid Pranks Mother with 'Photocopy' of Socks, Twitter Leftin Splits," News18, July 20, 2021, https:// www. news18. com /news /buzz /5 -year -old -kid -pranks -mother -with -photocopy -of -socks -twitter -left -in -splits -3983990 .html.

2. "The Treachery of Images, 1929 by Rene Magritte," Rene Magritte: Biography, Painting, and Quotes (website), https://www .renemagritte .org / the -treachery -of -images .jsp.

3. Lotto, *Deviate*, 61.

4. David Deutsch, *Fabric of Reality: The Science of Parallel Universes—and Its Implications* (New York: Penguin Books, 1997), 121.

5. Buzsáki, *Brain*, 104. See also, as mentioned above, Frith, *Making Up the Mind*, and Clark, *Surfing Uncertainty*.

6. Deutsch, *Fabric of Reality*, 121.

7. Frith, *Making Up the Mind*, 132–35.

8. Kenneth Craik, *The Nature of Explanation* (Cambridge, UK: Cambridge

University Press, 1943), 56. See also Cobb, *Idea of the Brain*, 185.

9. Cobb, *Idea of the Brain*, 185; and Buzsaki, *Brain*, 102.

10. Running alternate stories in our minds allows us to test a hundred different strategies without significant consequences, whereas any one of them in actuality might be dangerous or destructive. "Let our conjectures ...die in our stead," said philosopher of science Karl Popper, who is famous for another quip: "Good tests kill)awed theories; we remain alive to guess again."

11. Buzsáki, *Brain*, 347.

12. Buzsáki, *Brain*, 347.

13. Pearl and Mackenzie, *Book of Why*, 22–27.

14. Barbara Tversky, *Mind in Motion: How Action Shapes Thought* (New York: Basic Books, 2019), 78, 244.

15. Mariano Sigman, *The Secret Life of the Mind* (New York: Little, Brown, and Company, 2017), 76; Leonard Mlodinow, *Subliminal: How Your Unconscious Mind Rules Your Behavior* (New York: Pantheon, 2012), 89.

16. Goldberg, *Creativity*, 161.

17. For more on this, see Stephen M. Fleming, "A Theory of My Own Mind," *Aeon*, September 23, 2021, https://aeon .co /essays /is -there -a -symmetry -be tween -metacognition -and -mindreading. See also Stephen M. Fleming, *Know Thyself: The Science of Self-Awareness* (New York: Basic Books, 2021), 55–74.

18. Barrett, *How Emotions Are Made*, 28.

19. Alison Osius, *Second Ascent: The Story of Hugh Herr* (New York: Laurel, 1993), 129.

20. "The Double Amputee Who Designs Better Limbs," interview with Hugh Herr, *Fresh Air*, NPR, August 10, 2011, https://www .npr .org /tran scripts / 137552538.

21. Osius, *Second Ascent*, 146.

22. Osius, *Second Ascent*, 149; "Double Amputee," *Fresh Air*; Eric Adelson, "Best Foot Forward," *Boston*, February 18, 2009, https://www .boston magazine. com/2009/02/18/best-foot-forward-february/.

第四章　区分事实与虚构

1. Krista Tippett, "Mary Karr: Astonished by the Comedy," *On Being with Krista Tippett*, October 13, 2016, produced by Chris Heagle and Zack Rose, podcast, 52:09, https://onbeing .org /programs /mary -karr -astonished -by - the -human -comedy -jan2018.

2. Barrett, *How Emotions Are Made*. See especially chaps. 2 ("Emotions Are Constructed"), 4 ("The Origin of Feeling"), and 6 ("How the Brain Makes Emotion").

3. Carl R. Rogers, *On Becoming a Person* ([1961] New York: Houghton Mifflin, 1995), 25.

4. Joanna Blythman, "Can Vegans Stomach the Unpalatable Truth about Quinoa?" *Guardian*, Jan. 16, 2013, https://www.theguardian.com/ commentisfree/2013/jan/16/vegans-stomach-unpalatable-truth-quinoa.

5. Hector MacDonald, *Truth: How the Many Sides to Every Story Shape Our*

Reality (New York: Little, Brown Spark, 2018), 2.

6. Buzsáki, *Brain*, 44.

7. Michael Blastland, *The Hidden Half: How the World Conceals Its Secrets* (London: Atlantic Books, 2019).

8. James Geary, *I Is an Other: The Secret Life of Metaphor and How It Shapes the Way We See the World* (New York: Harper Perennial, 2011), 5.

9. George Lakoff and Mark Johnson, *Metaphors We Live By* (Chicago: University of Chicago Press, 2003), 156.

10. David Robertson with Bill Breen, *Brick by Brick: How LEGO Rewrote the Rules of Innovation and Conquered the Global Toy Industry* (New York: Crown Business, 2013), 44ff.

11. Blastland, *The Hidden Half*. See especially chap. 3 ("Here Is Not There, Then Is Not Now") and 5 ("The Principle Isn't Practical").

12. Blastland, *Hidden Half*, 81.

13. For more on this distinction, see Michael Strevens, *The Knowledge Machine* (New York: Liveright, 2020).

第五章　直觉有好处也有坏处

1. University of Leeds, "Go with Your Gut—Intuition Is More Than Just a Hunch, Says New Research," ScienceDaily, March 6, 2008, http://www .sciencedaily .com /releases /2008 /03 /080305144210 .htm.

2. Buzsáki, *Brain*, 91.

3. University of Leeds, "Go with Your Gut."

4. René Descartes, *Key Philosophical Writings* (Ware, UK: Wordsworth Editions, 1997), 31.

5. Wayne P. Pomerleau, *Twelve Great Philosophers: A Historical Introduction to Human Nature* (New York: Ardsley House, 1997), 243.

6. Martin Robson and Peter Miller, "Australian Elite Leaders and Intuition," *Australasian Journal of Business and Social Inquiry* 4, no. 3 (2006): 43–61, https://researchportal .scu .edu .au /discovery /fulldisplay / alma991012820835502368 /61SCU _INST:ResearchRepository.

7. Annie Murphy Paul, *The Extended Mind: The Power of Thinking Out-side the Brain* (Boston: Houghton Mifflin Harcourt, 2021), 21.

8. John Bargh, *Before You Know It: The Unconscious Reasons We Do What We Do* (New York: Atria Paperback, 2017), 165.

9. University of Leeds, "Go with Your Gut."

10. Elena Lytkina Botelho et al., "What Sets Successful CEOs Apart," *Harvard Business Review*, May–June 2017, https://hbr .org /2017 /05 / what -sets -successful -ceos -apart.

11. Bargh, *Before You Know It*, 157, 173.

第六章　 不用等到完全有把握了再做决定

1. Chris Mellor, "Three Years In: Can Kurian Heal Sickly NetApp's Woes?," *The Register*, July 7, 2016, https://www .theregister .com /2016 /07 /07 / george _kurian _reviving _netapps _zing /.

2. Martin J. Smith, "The Importance of Embracing Uncertainty," *Insights*, November 6, 2017, https://www .gsb .stanford .edu /insights /importance -embracing -uncertainty.

3. Amy Reichelt, "Your Brain on Sugar: What the Science Actually Says," The Conversation, November 14, 2019, https://theconversation .com /your -brain -on -sugar -what -the -science -actually -says -126581.

4. Soren Kierkegaard, *The Sickness Unto Death: A Christian Psychological Exposition for Upbuilding and Awakening*, trans. Howard V. Hong and Edna H. Hong (Princeton: Princeton University Press, 1980), 41.

5. Barna, "Americans Feel Good," Barna .com , February 27, 2018, https:// www .barna .com /research /americans -feel -good -counseling /.

6. Karl Hille, "Hubble Reveals Observable Universe Contains 10 Times More Galaxies Than Previously Thought," NASA, October 13, 2016, https:// www .nasa .gov /feature /goddard /2016 /hubble -reveals -observable -universe -contains -10 -times -more -galaxies -than -previously -thought.

7. See, for instance, C. S. Lewis's "Illustrations of the Tao" in *The Abolition of Man* (New York: HarperOne), 83–101.

8. G. K. Chesterton, *Orthodoxy* (Mineola, NY: Dover Publications, 2020), 25.

9. Al Pittampalli, *Persuadable: How Great Leaders Change Their Minds to Change the World* (New York: HarperCollins, 2016), 6.

第七章 不同的神经元讲述不同的故事

1. Buzsáki, *Brain*, 337–38.

2. Buzsáki, *Brain*, 338.

3. Mlodinow, *Elastic*, 95. Jacobs also discusses this relational aspect of thinking in *How to Think*.

4. Jo Boaler, *Limitless Mind: Learn, Lead, and Live without Barriers* (San Francisco: HarperOne, 2019), 3.

5. See Christopher Hitchens's comments about living "as if " in *Letters to a Young Contrarian* (New York: Basic Books, 2001), 35–39.

6. Martin E. P. Seligman, *Learned Optimism: How to Change Your Mind and Your Life* (New York: Vintage Books, 2006).

7. Goldberg, *Creativity*, 158.

8. Gary Klein, *Seeing What Others Don't: The Remarkable Ways We Gain Insights* (New York: Public Affairs, 2013), 61–77.

9. Loizos Heracleous and David Robson, "Why the 'Paradox Mindset' Is the Key to Success," *Worklife*, BBC, November 11, 2020, https://www. bbc. com /worklife /article /20201109 -why -the -paradox -mindset -is -the -key - to -success.

10. For more on this, see Margaret Cuonzo, *Paradox* (Cambridge, MA: MIT Press, 2014).

11. For more on this, see Jennifer Riel and Roger Martin, *Creating Great Choices: A Leader's Guide to Integrative Thinking* (Boston: Harvard Business Review Press, 2017).

12. Goldberg, *Creativity*, 164.

13. Heracleous and Robson, " 'Paradox Mindset.' "

14. Dan Kois, "Good News: Our Children Have Some Terrific Ideas for How to Get the Big Ol' Boat Unstuck from the Suez Canal," Slate, March 25, 2021, https://slate .com /news -and -politics /2021 /03 /cargo -ship -stuck -in -the -suez -canal -children -have -ideas -for -how -to -move -it .html .

15. Stefan Mumaw, "The Shape of Ideation," TEDx Talks, June 5, 2015, https://www .youtube .com /watch?v=BErt2qRmoFQ.

16. Mumaw, "Shape of Ideation."

17. See, e.g., Klein, *Seeing What Others Don't*; David Eagleman and Anthony Brandt, *The Runaway Species: How Human Creativity Remakes the World* (New York: Catapult, 2017); and Armand D'Angour, "Introduction," in Aristotle, *How to Innovate* (Princeton: Princeton University Press, 2021), esp. p. xvi.

18. Nitin Nohria and Michael Beer, "Cracking the Code of Change," *Harvard Business Review*, May–June 2000, https://hbr. org /2000 /05 /crack ing -the -code -of -change.

19. Margaret Heffernan, *Uncharted: How to Navigate the Future* (New York: Avid Reader Press, 2020), chap. 4 ("No Available Datasets").

20. Michael Luca and Max H. Bazerman, *The Power of Experiments: Decision Making in a Data-Driven World* (Cambridge, MA: MIT Press, 2020), 114–20.

21. Stanislas Dehaene, *How We Learn: Why Brains Learn Better Than Any Machine . . . for Now* (New York: Viking, 2020), 205.

22. Dehaene, *How We Learn*, 205.

23. The source of this quip is likely Nobel-winning economist Ronald Coase,

famous for his Coase Theorem. See the comparable line in R. H. Coase, *Essays on Economics and Economists* (Chicago: University of Chicago Press, 1995), 27.

24. Ivar Giaever, "Electron Tunneling and Superconductivity," Nobel Lecture, December 12, 1973, https://www .nobelprize .org /uploads /2018 /06 / giaever -lecture .pdf.

25. René Redzepi, *A Work in Progress: A Journal* (New York: Phaidon, 2018), 92.

26. Redzepi, *Work in Progress*, 171.

27. Redzepi, *Work in Progress*, 102. See also Jeff Gordinier, *Hungry: Eating, Road-Tripping, and Risking It All with the Greatest Chef in the World* (New York: Tim Duggan, 2019).

第八章　众人拾柴火焰高

1. Michael Pollak, "Einstein Groupies," *New York Times*, August 10, 2012, https://www .nytimes .com /2012 /08 /12 /nyregion /dissecting -the -einstein - riot -of -1930 .html.

2. Frederic Golden, "Albert Einstein," *TIME*, December 31, 1999, http:// content .time .com /time /magazine /article /0 ,9171 ,993017 ,00 .html.

3. Walter Isaacson, *Einstein: His Life and Universe* (New York: Simon & Schuster, 2008), 509.

4. Isaacson, *Einstein*, 519.

5. Michio Kaku, *Einstein's Cosmos: How Albert Einstein's Vision Trans-*

formed Our Understanding of Space (New York: Norton, 2005), 46.

6. David Bodanis, *Einstein's Greatest Mistake: A Biography* (New York: Houghton Mifflin Harcourt, 2016).

7. Kenneth Mikkelsen and Harold Jarche, "The Best Leaders Are Constant Learners," *Harvard Business Review*, October 16, 2015, https://hbr .org / 2015 /10 /the -best -leaders -are -constant -learners.

8. Anders Ericsson and Robert Pool, *Peak: Secrets &om the New Science of Expertise* (New York: Houghton Mifflin Harcourt, 2016).

9. See Eli Pariser, *The Filter Bubble: How the New Personalized Web Is Changing How We Think* (New York: Penguin, 2011), chap. 4 ("The You Loop").

10. Jon Gertner, *The Idea Factory: Bell Labs and the Great Age of American Innovation* (New York: Penguin, 2012).

11. Jan Smedslund, "The Invisible Obvious: Culture in Psychology," ed. by Kirsti M. J. Lagerspetz and Pekka Niemi, *Advances in Psychology* 18 (1984): 443–52.

12. Duncan J. Watts, *Everything Is Obvious: Once You Know the Answer* (New York: Crown Business, 2011), chap. 1 ("The Myth of Common Sense").

13. Jean- Louis Barsoux, Cyril Bouquet, and Michael Wade, "Why Outsider Perspectives Are Critical for Innovative Breakthroughs," *MIT Sloan Management Review*, February 8, 2022, https://sloanreview .mit .edu / article /why - outside - perspectives - are - critical - for - innovation - breakthroughs /.

14. Barsoux et al. "Why Outsider Perspectives Are Critical."

15. Barsoux et al. "Why Outsider Perspectives Are Critical."

16. Scott E. Page, *The Diversity Bonus: How Great Teams Pay Off in the Knowledge Economy* (Princeton: Princeton University Press, 2017).

第九章 释放你的思维

1. Thomas S. Kuhn, *The Road Since Structure: Philosophical Essays, 1970–1993 with an Autobiographical Interview* (Chicago: University of Chicago Press, 2000), 16.

2. Buzsáki, *Brain*, 210.

3. Goldberg, *Creativity*, 128.

4. Goldberg, *Creativity*, 128.

5. Mlodinow, *Elastic*, 119.

6. Mlodinow, *Elastic*, 144.

7. Goldberg, *Creativity*, 51, 132.

8. Goldberg, *Creativity*, 95.

9. Buzsáki, *Brain*, 338.

10. Giorgio Vasari, *The Lives of the Artists*, trans. Julia Conaway Bondanella and Peter Bondanella (Oxford: Oxford University Press, 2008), 290. See also Mlodinow, *Elastic,* 126–27.

11. Nancy Coover Andreasen, quoted in Mlodinow, *Elastic*, 121.

12. Goldberg, *Creativity*, 131–32, 138.

13. Goldberg, *Creativity*, 135.

14. Goldberg, *Creativity*, 131–32.

15. Brian McCullough, *How the Internet Happened* (New York: Liveright, 2018), 184–87.

16. Raquel Burrows et al., "Scheduled Physical Activity Is Associated with Better Academic Performance in Chilean School-Age Children," *Journal of Physical Activity and Health* 11 no. 8 (2014): 1600–1606, https:// doi. org /10 .1123 /jpah .2013 -0125.

17. John J. Ratey, with Eric Hagerman, *Spark: The Revolutionary New Science of Exercise and the Brain* (New York: Little, Brown Spark, 2008), 5.

18. Ratey, *Spark*, 5.

19. Ratey, *Spark*, 51.

20. Mlodinow, *Elastic*, 146.

21. Matthew Walker, *Why We Sleep: Unlocking the Power of Sleep and Dreams* (New York: Scribner, 2017).

22. Johnson, *Good Ideas*, 31.

第十章　让叙事人成为你的盟友

1. George Plimpton, "E. L. Doctorow, The Art of Fiction No. 94," *Paris Review* 101, Winter 1986, https://www .theparisreview .org /interviews/

2718 /the -art -of -&ction -no -94 -e -l -doctorow.

2. Eagleman and Brandt, *Runaway Species*, chap. 7 ("Don't Glue the Pieces Down").

3. "The Double Amputee Who Designs Better Limbs," *Fresh Air*. For more on Herr and his accomplishments, see also Frank Moss, *The Sorcerers and Their Apprentices* (New York: Crown Business, 2011).

致谢

1. Jacobs, *How to Think*, 39.